Beltz Taschenbuch 623

W0072184

Martin Hartmann, Rüdiger Funk, Klaus D. Wittkuhn

GEKONNT MODERIEREN

4., erweiterte Auflage

BONUSKAPITEL:
Die Alternative
zur Moderation –
Meetings professionell
vorbereiten und leiten

4., überarbeitete und erweiterte Auflage 2010

Lektorat: Ingeborg Sachsenmeier

© 2000 Beltz Verlag · Weinheim und Basel
www.beltz.de
Herstellung: Nancy Püschel
Satz: Druckhaus »Thomas Müntzer«, Bad Langensalza
Druck: Beltz Druckpartner, Hemsbach
Umschlaggestaltung: Büro Hamburg
Umschlagabbildung: © Cultural Images RM/F1online
Zeichnungen: Ulrike Rath, Aachen
Printed in Germany

ISBN 978-3-407-22623-5

INHALTSVERZEICHNIS ←

VORWEG: VOM PÜNKTCHENKLEBEN ZUM BERATUNGS-TOOL

→ ÜBER ANFÄNGE, ZWEIFEL UND DIE MODERNE MODERATION

→

ÜBER ANFÄNGE, ZWEIFEL UND DIE MODERNE MODERATION

Das Moderieren war einmal sehr cool und modern …

Cool ist die Methode immer noch, zudem anspruchsvoll und mittlerweile unverzichtbares Handwerkszeug für alle, die Arbeitssitzungen »begleiten« wollen: Berater, Trainer, Projektleiter, Manager, Führungskräfte und natürlich Studierende aller Fachrichtungen, die sich auf ein erfolgreiches Berufsleben vorbereiten. In den 1990er-Jahren gefeiert und intensiv verbreitet, gab es Moderationsmessen und Moderationsgurus der ersten und dann auch der zweiten Generation. Es gab aufregende Debatten über die inhaltliche Neutralität des Moderators, über die Anonymität beim Kartenschreiben oder die richtige Anzahl der Punkte bei der Bewertung mehrerer Alternativen. Und es wurde das Hohelied von der Souveränität der Gruppe gesungen, die allein über das inhaltliche Ge- oder Misslingen einer Sitzung zu entscheiden hatte. Wehe der Moderatorin oder dem Moderator, die oder der sich an diese Postulate nicht halten wollte. Viel von »mehr Demokratie wagen« und der »Emanzipation der Mitarbeiter in Organisationen« schwang da mit.

Natürlich gab es auch Zweifel – Zweifel an der Praxistauglichkeit der Methode, daran, dass man in moderierten Besprechungen echte Ergebnisse erzielen könne. Für so manchen Beobachter »roch« das alles sehr nach Gruppendynamik, frei nach dem Motto: »Es ist gut, dass wir darüber gesprochen haben.«

Schon fast mittendrin im 21. Jahrhundert ist die Moderationsmethode immer noch aktuell und mittlerweile unaufgeregter Teil des betrieblichen Alltags geworden. Sie hat ihre Praxistauglichkeit bewiesen. Sie hat sich weiterentwickelt und mit den Anforderungen eines veränderten Alltags arrangiert.

Das gilt vor allem dort, wo es um Veränderungen in Unternehmen und Organisationen geht, an denen die Betroffenen mitwirken. Das Aufkommen von Changeprojekten, Unternehmenszusammenschlüssen, Kontinuierlichen Verbesserungsprozessen (KVP), Innovationsoffensiven, Process-Reengineering, um nur einige der in Mode gekommenen Begriffe zu nennen, hat die Moderationsmethode zum unverzichtbaren Handwerkszeug all derer gemacht, die zusammen mit kleineren oder größeren Arbeitsgruppen praxisnahe und tragfähige Ergebnisse erarbeiten müssen.

Wie lässt sich nun die Praxis einer »modernen Moderation« im Vergleich zur Moderation der Anfangsjahre beschreiben? Und welche Konsequenzen hat dies für die Kompetenzen eines Moderators heute?

Veränderte Rahmenbedingungen

Die klassische Situation: Eine Gruppe verabredet sich, um gemeinsam ein Thema zu bearbeiten. Die Teilnehmer haben das Problem definiert, während der Vorbereitung erste Ziele für das Treffen überlegt, möglichst einen ganzen Tag für die Arbeit reserviert und einen externen Moderator gebeten, ganz im Sinne der klassischen Moderation diese Arbeitssitzung zu moderieren. Dabei kann es sich um die Entwicklungsabteilung eines großen Konzerns handeln, die sich einmal im Jahr trifft, um beispielsweise neue, ökologisch akzeptierte Produkte auszudenken. Ein nach wie vor sinnvolles und lohnendes Unterfangen, gut geeignet für den Einsatz der Moderation.

Sehr viele Situationen, in denen heute moderiert werden soll, sehen jedoch etwas anders aus: Eine Arbeitsgruppe, beispielsweise aus Vertretern unterschiedlicher Abteilungen, hat den Auftrag bekommen, in mehreren zweistündigen Sitzungen die Durchlaufzeit bei einem wichtigen Arbeitsprozess um mindestens zehn Prozent zu reduzieren, um ein erhöhtes Arbeitsaufkommen mit den bestehenden Mitarbeitern bei gleicher Qualität bewältigen zu können. Eine weitere Vorgabe könnte sein, dass diese Prozessbeschleunigung innerhalb von acht Wochen umzusetzen ist. Begleitet und moderiert wird der Gruppenprozess von einem externen oder unternehmensinternen Moderator, der auch Teil des beratenden Projektteams sein kann.

Was bedeutet das nun für die Moderationspraxis? Was hat sich verändert, weiterentwickelt und worauf kommt es heute an?

Die Teilnehmer der moderierten Sitzungen – früher und heute

Für so manchen der an die klassische Besprechung mit dominierenden Vorgesetzten gewöhnten Mitarbeiter hatte die Teilnahme an einer moderierten Arbeitssitzung gelegentlich etwas Revolutionäres, zumindest Ungewohntes. Der vom Moderator initiierte und auf Hierarchiefreiheit, gleiche Beteiligung aller, Konfliktsensibilisierung und offene Kommunikation ausgerichtete Gruppenprozess wirkte für sie gewöhnungsbedürftig und gelegentlich sogar verstörend. Er stand im Gegensatz zur Einwegkommunikation eines als eher rigide erlebten Arbeitsalltags. Viele taten sich schwer mit der Forderung nach aktiver Mitarbeit in den Sitzungen. Das roch häufig nach »Psychokram« und »Mitbestimmungsgedöns«. Entsprechend lange konnte es dauern, bis wirklich mit dem qualifizierten Arbeiten losgelegt werden konnte.

Das hat sich geändert. Heute kann beobachtet werden, dass viele Mitarbeiter in den Unternehmen schon früh an ersten moderierten Workshops teilnehmen und Erfahrungen mit dieser Arbeitsform sammeln. Die Moderationsmethode ist nur noch wenigen wirklich fremd. Sie ist zum selbstverständlichen Bestandteil des Arbeitsalltags geworden. Die Teilnehmer einer Sitzung lassen sich meist schnell auf den Arbeitsprozess ein. In weniger optimalen Fällen kennen sie sich zumindest mit den klassischen Moderationsverfahren aus und wissen, wie man mit Stiften auf Karten schreibt.

Souverän des Arbeitsprozesses

Früher galt: »Die Gruppe ist der Souverän des Arbeitsprozesses und bestimmt eigenständig über Wohl und Wehe dessen, was in der Sitzung geschieht. Der Moderator nimmt dabei eine dienende Haltung ein.« Natürlich kann auch heute nicht gegen die Gruppe gearbeitet werden. Wenn sie absolut nicht will, dann geht nicht viel, und wenn die Gruppe sich begeistert an einem Nebenthema festbeißt (beispielsweise am beliebten *»Wir sollten uns erst einmal darüber unterhalten, was IT in den letzten Jahren versäumt hat!«)*, dann ist es für den Moderator nicht leicht, sie davon wegzubringen. Nur: Wurden früher moderierte Sitzungen hin und wieder dafür genutzt, Gruppen zu eigenverantwortlichem Handeln zu »erziehen« oder das Mitbestimmungspotenzial von Gruppenteilnehmern zu fördern, so geht es heute ganz nüchtern darum, in mehreren Treffen beispielsweise eine Prozessverbesserung zu erzielen. Dabei sind allerdings auch das Engagement und die Kreativität der Gruppe gewünscht. Sollte die Gruppe die Sitzung jedoch zur Spielwiese für Konflikte und Nebenthemen umfunktionieren, dann ist der Moderator gefragt oder – nach oben eskalierend – der Auftraggeber beziehungsweise die Unternehmensleitung.

Ziele der Sitzung

Während in den Anfangsjahren der Moderationsmethode nicht für jede Sitzung eindeutige Ziele festgelegt wurden und sich eine gemeinsame Zielfindung und -formulierung in der Gruppe oft zäh und langwierig gestaltete, fühlt sich der moderne Moderator heute bereits vor Beginn der Sitzung für eine umfangreiche Zielklärung verantwortlich. Dazu werden die Zielvorstellungen des Auftraggebers in ein realistisches und in der vorgegebenen Zeit auch zu erreichendes Ziel ausformuliert. Für dieses Ziel muss der Moderator gelegentlich durchaus ins Zeug legen werben, zumindest muss er es vertreten und in der Sitzung auch erreichen. Dafür wird er engagiert.

Inhaltlich unparteiisch I

In der klassischen Moderation bildet die inhaltliche Unparteilichkeit, manche sprechen dabei auch von »inhaltlicher Neutralität«, einen Grundpfeiler der Methode. Der Moderator verhält sich in der Moderation inhaltlich absolut unparteiisch. Er hält sich bei sämtlichen Bewertungen oder sonstigen inhaltlichen Betrachtungen heraus. Dies führte nicht selten dazu, dass sich Moderatoren in dem gerade behandelten Thema überhaupt nicht auskannten. Ja, es wurde sogar inhaltliches Nichtwissen als Vorteil für das Durchführen korrekter Moderationen angesehen. Denn nur so konnte angeblich gesichert werden, dass sich ein Moderator auf keinen Fall zu einer wie auch immer gearteten inhaltlichen Eingabe verleiten ließ.

Die Praxis heute? Inhaltliche Unkenntnis ist für einen Moderator von Nachteil. Gefordert wird, dass der Moderator sich in dem Thema auskennt, das behandelt wird. Dazu muss er kein ausgewiesener Experte sein. Er sollte jedoch wenigstens in der Lage sein, die komplexen Anforderungen der Themenstellung zu begreifen und sie in realistisch zu bearbeitende Arbeitsschritte umzusetzen. Nicht jedes Moderationsverfahren eignet sich für jedes Thema, aber jedes Thema erfordert eine maßgeschneiderte Vorgehensweise für seine Bearbeitung. Dazu benötigt der Moderator Fachwissen.

Um die Gruppe auf ihrem Weg zum vereinbarten Ziel zu unterstützen, muss der Moderator zudem in jeder Phase des Arbeitsprozesses beurteilen können, wann Nebenthemen erörtert werden oder wann der rote Faden der Sitzung verlassen wird. In einer zweistündigen Sitzung kann nicht jedes Hobbythema in der Gruppe breit ausgewalzt werden. Hier ist die inhaltliche Kompetenz des Moderators ebenfalls gefragt, um vor Irrwegen in der Diskussion zu bewahren.

Und ein weiteres Argument für den (teilweise) fachlich kompetenten Moderator wird zunehmend wichtig: Vor allem moderierende Berater, firmeninterne wie auch externe, sind in Projekten nicht nur dafür verantwortlich, dass eine Arbeitsgruppe in einer vorgegebenen Zeit ein Ergebnis erarbeitet, sie sind ebenso dafür verantwortlich, dass dieses Ergebnis »Qualität« besitzt. So lässt sich eine Prozessbeschleunigung von zehn Prozent, realisierbar in acht Wochen, möglicherweise auf verschiedene Arten und Weisen bewerkstelligen, jede mit anderen Vor- und Nachteilen. Zeichnet sich im Arbeitsprozess der Gruppe beispielsweise ab, dass die aktuell bevorzugte Lösung den Prozess in der eigenen Abteilung zwar gewaltsam beschleunigt, in anderen Abteilungen jedoch möglicherweise zu neuen Kosten und Verzögerungen führt, kann dies vom Moderator nicht ignoriert werden. Er muss also während des Arbeitsprozesses die Qualität der Diskussion beurteilen können und gegebenenfalls eingreifen.

Ein derartig »fachlich mitdenkender« Moderator begleitet den Arbeitsprozess wesentlich präziser und inhaltlich aufmerksamer, als dies früher der Fall war. Zudem haben die Teilnehmer nicht ständig das Gefühl, dem »fachlich unbedarften« Moderator etwas erklären zu müssen – was bei skeptischen Moderationsteilnehmern oft zur Abwertung der Moderatorenleistung an sich geführt hatte.

Eine Folge dieser Entwicklung ist: Die Ansprüche an die Fachkompetenz des Moderators sind deutlich gestiegen, er muss immer auf »Ballhöhe« bei der Diskussion fachlicher Fragen sein.

Inhaltlich unparteiisch II

Ist der Moderator dann aber noch Moderator, wenn er inhaltlich eingreift? In diesem Augenblick natürlich nicht – er wechselt seine Rolle, wird zum Leiter und/oder Teilnehmer. Guten Beratern/Moderatoren gelingt dieser Wechsel von der moderierenden in die teilnehmende Rolle. Sie können der Gruppe glaubhaft und authentisch vermitteln, warum und wann sie zeitweise inhaltlich eingreifen, ohne damit das Engagement der Experten zu behindern.

Problematisch wird es in der Praxis immer dann, wenn das inhaltliche Einmischen »elegant und manipulativ« erfolgt: »*Haben Sie vielleicht einmal darüber nachgedacht, in Richtung … zu arbeiten?*« Gruppen spüren den Versuch, die wahre Absicht zu verschleiern, und reagieren in der Regel mit Misstrauen und Zurücknahme.

Dennoch …

Auch wenn ein »moderner Moderator« inhaltlich bis zu einem gewissen Maß mitreden können und während der Sitzung gelegentlich auch inhaltlich Stellung beziehen muss, ist und bleibt die Grundlage für sein erfolgreiches Handeln die Fähigkeit, einen Gruppenarbeitsprozess inhaltlich unparteiisch begleiten zu können. Dies hat viel mit einer inneren Haltung zu tun, die darauf ausgerichtet ist, Menschen zu aktivieren, sie zum engagierten Mitmachen zu motivieren, ihnen die Freude am Mitgestalten zu vermitteln. Dabei hilft in erster Linie eine aktive und offene Fragetechnik sowie das Aufnehmen und Veröffentlichen sowie Visualisieren von Meinungen und Ansichten, die in der Gruppe diskutiert werden. Dazu gehört auch das professionelle Beherrschen möglichst vieler Moderationsverfahren.

Die Kompetenz, einen Arbeitsprozess konsequent inhaltlich unparteiisch begleiten zu können, bleibt also auch künftig für einen Moderator unverzichtbar. Und diese Forderung kann nicht ernst genug genommen werden: Inhaltlich mitmischen, eigene Interessen vertreten oder mit geschlossenen Fragen andere Menschen in eine bestimmte Richtung lenken, das alles ist den meisten vertraut – angefangen im Sandkasten, trainiert in der Schule, der Universität und perfektioniert im Berufsleben. Dagegen ist die Kompetenz, Menschen in ihren Problemlösungsversuchen wirkungsvoll zu begleiten und nicht zu bevormunden, für viele Neuland und die wirkliche Herausforderung für die Profis unter den zukünftigen Moderatoren. Und nur wer über diese Kompetenz verfügt, wird in der Praxis überzeugend auch inhaltlich in einen Arbeitsprozess eingreifen können.

Personenbezogene Neutralität

Hier hat sich im Laufe der Entwicklung überhaupt nichts verändert: Der Moderator verhält sich allen Teilnehmern der Sitzung gegenüber in gleicher Weise wertschätzend. Er bevorzugt oder benachteiligt niemanden. Vielleicht hat diese Forderung heute sogar noch an Bedeutung zugenommen: Vor allem in Veränderungsprojekten kann es »gefühlsmäßig massiv zur Sache gehen«. Ein Moderator, der nicht allen gegenüber gleichermaßen wertschätzend auftritt, wirkt unprofessionell und kontraproduktiv.

Die personenbezogene Neutralität stellt immer dann eine ganz besondere Herausforderung für den Moderator dar, wenn der Auftraggeber mit in der Gruppe sitzt und sich Fronten – auch gegen ihn – bilden.

Zeit

Die Moderationsmethode hat den Ruf, besonders zeitintensiv zu sein. Häufig wurde langwierigen Diskussionen und zähen Konsensfindungsprozessen mehr Aufmerksamkeit geschenkt als dem Erreichen eines inhaltlichen Ziels in einer vorgegebenen Zeit.

Nun hat auch in der Moderation die »moderne Hetze« Einzug gehalten: In Veränderungsprojekten steht für moderierte Arbeitssitzungen nicht beliebig viel Zeit zur Verfügung. Moderator und Gruppe sind gehalten, den vorgegebenen Zeitrahmen einzuhalten. Das bedeutet für den Moderator, dass er das Arbeitsziel so formuliert beziehungsweise im Vorfeld mit dem Auftraggeber oder zu Beginn mit den Teilnehmern abstimmt, dass es in der zur Verfügung stehenden Zeit erreicht werden kann. Realistische Zeitplanungen stellen eine immer wichtiger gewordene Anforderung an Moderatoren dar. So muss der Moderator natürlich ebenso dafür Sorge tragen, dass er Arbeitsschritte und -methoden wählt, die diese zügige Zielerreichung unterstützen.

Beispielsweise kann das berühmte *Clustern* im Anschluss an das Karten-Antwort-Verfahren entweder zeitaufwendig (alle entscheiden mit) oder sehr zeitsparend (zwei bis drei Teilnehmer arbeiten vor) gestaltet werden (s. S. 66 ff.). Auf die Zeit zu achten bedeutet für den Moderator aber auch, dass er die Gruppe durch Fragen etwas mehr »antreibt«, als dies noch vor einigen Jahren »schicklich« gewesen wäre.

Bei aller modernen Zeitökonomie gilt jedoch: Eine moderierte Sitzung, bei der sich alle Teilnehmer intensiv beteiligen, um ein anspruchsvolles Ergebnis zu erzielen, braucht etwas Zeit. »Zäh und zeitfressend« müssen diese Sitzungen jedoch nicht mehr sein.

»Kleben Sie doch bitte einen Punkt!«

In einem Moderationsfilm aus den 1980er-Jahren kann man erleben, wie der Moderator die Gruppe zu Beginn der moderierten Besprechung auf einer Befindlichkeitsskala einen Punkt kleben lässt, frei nach der Frage: »*Wie geht es mir heute morgen?*« Zwei Teilnehmer dürfen dann noch das Gruppenergebnis kommentieren, bevor der Moderator ohne weiteren Bezug zu dieser ›Punkterei‹ mit dem nächsten Arbeitsschritt weitermacht. Der Kommentar aus dem Off: »*So einfach geht das …*«

Die Spätfolgen eines derart oberflächlichen und fahrlässigen Umgangs mit Stimmungsabfragen kann man heute noch bei so manchen Kollegen erleben: Viele haben schon einmal Punkte kleben müssen, ohne das Ziel dieser Übung mitgeteilt bekommen und die Konsequenzen daraus erlebt zu haben. Unzählige Moderatoren kleben Stimmungspunkte, weil sie zwar das Punktekleben technisch beherrschen, nicht aber erläutern, welchen Zweck eine Stimmungsabfrage im Arbeitsprozess sowohl für die Gruppe als auch für den Moderator hat. Sie dürften

sich darüber einfach keine Gedanken gemacht haben. Und selten werden
die direkten Konsequenzen einer geklebten Punktelandschaft vermittelt, geschweige denn, dass das Kleben der Punkte anonym geschähe,
was vor unangenehmer Beeinflussung durch dominante Meinungsfüh-
rer schützte. So verkommt dieses Verfahren zur bloßen Technik und ver-
ärgert häufig die Anwesenden.

Da viele Teilnehmer schon mit einer gehörigen Portion Widerwillen
gegen das Pünktchenkleben bei Stimmungsabfragen in eine Arbeitssitzung kommen, überlegen viele Moderatoren heute gründlich, ob und
wie sie dieses Verfahren als wichtigen Teil des gesamten Prozesses einsetzen. Hat ein Moderator die Zeit dazu (was in kurzen Workshops eher
selten der Fall ist) und kann er die Gruppe davon überzeugen, dass eine
Stimmungsabfrage für den Arbeitsprozess und das Erreichen eines qualitativ hochwertigen Ziels notwendig ist, dann sollte er dieses Verfahren
einfühlsam und überzeugend durchführen. Ansonsten sollte er auf jeg-
liche Formen von Stimmungsabfrage verzichten (siehe auch Kapitel 10
»Der Ablauf einer moderierten Arbeitssitzung« sowie Kapitel 7 »Die
wichtigsten Moderationsverfahren: Ihr Nutzen und ihre Anwendung in
der Praxis«).

PS.: Dass der auf Seite 17 genannte Moderationsfilm nach 25 Jahren
im Jahr 2009 als unveränderte Neuauflage wieder auf den Markt kam,
zeigt, dass die moderne Moderation vielleicht doch noch nicht überall
Einzug gehalten hat.

Visualisierungen

Während zu jeder ordentlichen Moderationsausbildung eine einführen-
de »Schreibausbildung« mit richtiger Handhaltung der Stifte gehörte,
wird dem heute (leider) nicht mehr so viel Aufmerksamkeit zuteil. Aber
auch heute fallen Moderatoren positiv auf, die nicht nur leserlich schreiben, sondern ebenso ansprechend visualisieren können. Sowohl das Visualisieren als auch das leserliche Schreiben lassen sich lernen (Tipps
dazu im Kapitel 8).

Einfach ist heute jedoch die Weiterverarbeitung der Ergebnisse: Fotografieren, abspeichern, verschicken.

Zur Ausbildung

Die Autoren hatten vor über 15 Jahren die Möglichkeit, an der Erstellung und Erprobung eines Moderationscurriculums für ein großes deutsches Unternehmen mitzuwirken. Konzipiert wurde ein mehrteiliges, insgesamt neuntägiges Seminar, das mit viel Begeisterung von den zukünftigen unternehmensinternen Moderatoren besucht wurde. Für die Ausbildung professionell arbeitender Moderatoren schienen uns neun Tage nicht zu viel zu sein. Nur lassen sich so lange Seminare heute nicht mehr realisieren. Denn auch das hat sich im Laufe der Zeit geändert: Zwar sind die Anforderungen an einen modernen Moderator gestiegen, die für seine Ausbildung zur Verfügung stehende Zeit hat sich jedoch verkürzt. Zweitägige Moderationstrainings sind für viele Unternehmen, vor allem aus der Beraterbranche, die Regel. Natürlich lässt sich bei intensiver Vorbereitung vor dem Training sowie mit einem intelligenten Seminarkonzept auch in zwei Tagen eine Menge Moderations-Know-how trainieren, die erfahrungsgestützte Professionalität muss dann jedoch *on the job* erworben werden, im günstigen Fall unter Begleitung eines Coaches und erfahrener Kolleginnen und Kollegen.

Aber zum Glück gibt es noch Bücher, mit denen man sich intensiv auseinandersetzen kann und die die aufmerksamen Leserinnen und Leser mit den wichtigsten Tipps und Anregungen für die eigene Praxis versorgen. Dann kann es ja losgehen!

IM MITTELPUNKT
DER MODERATOR

1 DER ALLTAG: SO KÖNNTE ES MIT DEM MODERIEREN ANFANGEN

In einem mittelständischen Unternehmen mit rund 100 Mitarbeiterinnen und Mitarbeitern »knirscht« es hin und wieder in der Zusammenarbeit zwischen den verschiedenen Ebenen. Die Meister klagen schon einmal, dass sie nicht ausreichend informiert würden: »Wir erfahren selten etwas von den Ingenieuren und Abteilungsleitern. Alle Informationen muss man sich selbst beschaffen.« Ähnliche Aussagen kommen von der anderen Seite: »Alle Informationen darüber, was in der Produktion los ist, muss man sich selbst besorgen; von sich aus erzählen einem die kaum etwas. Und wenn man mal etwas braucht, heißt es gleich: ›Keine Zeit!‹ Und die wöchentlichen Besprechungen? Da kommt eh nichts Konkretes rüber.«

Als Vorgesetzter beider Gruppen wollen Sie frühzeitig größeren Konflikten entgegenwirken. Daher bitten Sie zu einer Besprechung, um das Problem einmal in aller Ruhe anzugehen. Zwei Stunden haben Sie für das Treffen mit den sieben Teilnehmerinnen und Teilnehmern reserviert – verhältnismäßig viel Zeit, wie Sie meinen. Doch diese zwei Stunden vergehen wie im Flug, allerdings ohne befriedigendes Ergebnis. Was bleibt, ist ein ungutes Gefühl. Wie häufig im Anschluss an derartige Sitzungen, fällt Ihnen nur der bekannte Kalauer ein: »Eine Besprechung ist, wenn viele hineingehen und nichts dabei herauskommt.«

Jetzt sitzen Sie mit einer Kollegin im Büro und denken laut nach:

»Das war wohl nicht so gut: Unser firmenbekannter Dauerredner, Herr A, konnte nur mit Mühe und Not gestoppt werden und manchmal nur durch Wortentzug. Frau B hat wieder einmal kein einziges Wort gesagt, obwohl sie doch im persönlichen Gespräch wirklich gute Gedanken äußert. Und wenn Frau B nichts

sagt, dann reden die Herren C und D ebenfalls nicht. Das alte Spiel also. Apropos Spiel, Herr E musste seine Spitzen gegen Ingenieure allgemein und gegen die unseren im Besonderen gleich mehrmals loswerden, und der gute alte Herr F hat zusätzlich darauf reagiert und dafür gesorgt, dass die Gruppe vom Hölzchen aufs Stöckchen kam und sich nur in der gemeinsamen Kritik an unserem IT-Support einig war. Und am eigentlichen Thema war wohl nur ich interessiert – obwohl, so ganz sicher bin ich mir da auch nicht, wenn ich ehrlich sein soll.«

»Inwiefern?«

»Na ja, ich habe eigentlich nur diejenigen Vielredner gebremst, die anderer Meinung waren als ich, und unserem Dauerredner bin ich sogar ein paar Mal richtig über den Mund gefahren. Er hat mich aber – wie so oft – fürchterlich geärgert. Immer dieselbe Leier! Dabei habe ich die Zeit aus den Augen verloren, und die Diskussion ist dann relativ ziellos verlaufen. Die Kritik am IT-Support ist schon berechtigt, da war sogar ich versucht mitzumachen. Ist alles gar nicht so leicht – die Leute, mein Ärger über manche Beiträge, der Zeitdruck, und dann muss ich noch dafür sorgen, dass alle anständig mitdiskutieren und wir in der Sache weiterkommen. Wir sollten überlegen, wie wir in Zukunft so ein Treffen besser organisieren.«

»Ich denke, das ist nicht nur eine Frage der Organisation. Ich stelle mir eher eine Besprechung vor, bei der nicht Sie, sondern ein unbeteiligter Dritter den Diskussionsprozess steuert, gezielt auf den Ablauf achtet und darauf, dass alle ausreichend zu Wort kommen. Alle anderen, und natürlich auch Sie selbst, beteiligen sich von Gleich zu Gleich mit inhaltlichen Beiträgen und persönlichen Stellungnahmen.«

»Und wie soll das im Einzelnen aussehen?«

»Na ja, so jemand sollte sich mit inhaltlichen Äußerungen zurückhalten. Er sollte aber verantwortlich dafür sein, dass wir zielgerichtet an der Sache arbeiten. Er müsste im Vorfeld klären, was in so einer Sitzung erreicht werden soll. Und dann müsste er dafür sorgen, dass wir alle als Gruppe während der Sitzung auf dieses Ziel hinarbeiten.«

»Und was wird durch so eine Art neutraler Sitzungsleiter dann besser?«

»So jemand könnte uns dabei helfen, die Art unserer Zusammenarbeit selbst zu regeln. Er würde zudem dafür sorgen, dass wirklich alle zu Wort kommen. Und wenn wir unsachlich werden, dann muss so jemand uns quasi den Spiegel vor Augen halten und uns zur Sacharbeit zurückhelfen. Alle würden so die Chance bekommen, sich zu beteiligen und ihre spezifischen Ansichten, Ideen oder Vorschläge einzubringen. Die Qualität unserer Arbeit in der Sitzung würde steigen.«

»Ist das nicht nur eine neue Art von Besprechungsleitung?«

»Eine wirklich besondere Art der Besprechungsdurchführung. Sie unterscheidet sich von einer klassischen Besprechungsleitung dadurch, dass sie mehr Verantwortung auf die Beteiligten selbst überträgt. Es geht also mehr um Moderieren als um Leiten.«

»Und so ein Moderator mit seiner Moderationsmethode soll dann in Zukunft unsere gute alte Besprechungsleitung ersetzen?«

»Nicht unbedingt. Besprechungsleitungen wird es auch in Zukunft geben. Beispielsweise wenn in kurzer Zeit über getroffene Entscheidungen berichtet werden soll und die Teilnehmer ihre Terminkalender daraufhin abstimmen müssen.

Aber für andere Situationen, wie die von heute Morgen, eignet sich ein anderes Vorgehen besser. Denn für heute hatten Sie nichts vorgeschrieben. Es ging darum, dass alle Anwesenden gemeinsam nach Ideen für eine veränderte Zusammenarbeit zwischen Meistern und Ingenieuren suchen sollten.«

»Was Sie sagen, verlangt eine ganze Menge Umdenken. Wenn ich mir die Situation von heute Morgen noch einmal vor Augen halte: So ein Moderator müsste sich auf unserer Sitzung **erstens** inhaltlich aus allem heraushalten; **zweitens** gemeinsam mit uns für Zielklarheit sorgen; **drittens** auf dem Weg zur Zielerreichung helfen, dabei auf alle Abweichungen aufmerksam machen; und **viertens** Streitigkeiten, die unseren Arbeitsprozess in der Sache behindern, bewusst machen und uns helfen, zur sachlichen Problemlösung zurückzukehren. Damit es aber möglichst gar nicht zu Konflikten kommt, müsste er **fünftens** geeignete Regeln für den Umgang aller Teilnehmer untereinander anbieten oder erarbeiten lassen und deren Einhaltung überwachen. Gleichzeitig soll unser Treffen aber inhaltlich fruchtbar und möglichst für jeden befriedigend sein, also müsste er **sechstens** dafür sorgen, dass sich wirklich alle beteiligen, und zwar gleichberechtigt. Und wenn schon alle mitmachen, dann darf auch nichts von den Inhalten verloren gehen, also muss er **siebtens** möglichst viel aufschreiben oder visualisieren. Und dann, das wäre **achtens**, wünsche ich mir persönlich noch konkrete Gruppenarbeitstechniken oder Verfahren für eine abwechslungsreiche und spannende Arbeit. Ach ja, und **neuntens**, so jemanden gibt es nicht – zumindest nicht in unserer Firma.«

»Das sehe ich genauso. Einen so ausgebildeten und erfahrenen Moderator oder Moderatorin gibt es in unserer Firma tatsächlich noch nicht. Wir bräuchten also jemanden von außen, der ein solches Vorgehen bei der nächsten Besprechung mit uns einfach einmal probiert, uns diese Methode damit vorstellt, vielleicht sogar schmackhaft macht. Und wenn unsere Arbeitstreffen dadurch auch nur ein bisschen effektiver werden und für alle zufriedenstellender verlaufen, sollten wir zwei oder drei von unseren Kollegen zu Moderatoren ausbilden lassen. Kostet uns zwar etwas, könnte sich aber langfristig lohnen. Wir haben doch auch schon Kollegen für das Thema ›Besprechungsleitung‹ schulen lassen. Nun könnte die Moderation in Zukunft eine sinnvolle Ergänzung darstellen.«

→ # 2 WAS BEDEUTET MODERATION?

Den meisten Menschen ist der Begriff »Moderation« vermutlich aus Funk und Fernsehen bekannt. Moderatorinnen oder Moderatoren führen durch das Programm, durch eine Sendung. Sie sollen im rechten Maß durch das Geschehen lenken. Sie koordinieren alle Teilnehmer einer Sendung, verbinden verschiedene Teile und Phasen, leiten über, überwinden Pausen, erteilen das Wort, unterbrechen Vielredner, animieren oder provozieren schon einmal Schweiger, kurz: Sie behalten die Zügel der Sendung und die knappe Zeit mehr oder minder unauffällig in der Hand. Sie sind also für das Geschehen maßgebend und natürlich auch dafür, dass den nicht an den Diskussionen beteiligten Zuschauern eine spannende, anregende und unterhaltsame Veranstaltung geboten wird.

Im betrieblichen Alltag spricht man von Moderation in Verbindung mit dem Leiten von Arbeitsgruppen. Häufig wird heute der Begriff dabei unspezifisch als Synonym für jede Art der Lenkung oder Leitung verwendet.

Die »Erfinder« der Moderationsmethode in den 1960er- und 1970er-Jahren in Deutschland – beispielsweise Eberhard Schnelle, Karin Klebert oder Einhard Schrader (s. kommentiertes Literaturverzeichnis) – hatten dagegen eine an den Strömungen der damaligen Zeit orientierte, vor allem gesellschaftspolitische Intention. Es ging ihnen darum, Gruppenmitglieder zu befähigen und zu ermutigen, ihren eigenen Willen zu artikulieren und ihr eigenes Wissen, ihre eigenen Interessen in Entscheidungsprozesse einzubringen. Die Erfahrung dieser Moderatoren der ersten Tage: Gruppen, die geschoben und gezogen, im schlimmsten Fall sogar durch einen Leiter manipuliert werden, entwickelten vielfältige Widerstände sowohl beim Bearbeiten inhaltlicher Fragestellungen als auch bei der Umsetzung von Maßnahmen in der betrieblichen Praxis. Die Lösung aus der Sicht dieser Moderationsbegründer: Der Leiter gibt seine Macht- und Allwissenheitsrolle auf und bietet sich als methoden-

und verfahrenskompetenter Begleiter für den Arbeitsprozess an, dessen Ziele und Inhalte die Gruppe grundsätzlich selbst verantwortet.

> Bei der Moderation handelt es sich um eine Methode, mit der Arbeitsgruppen unterstützt werden können, ein Thema, ein Problem oder eine Aufgabe
>
> → auf die Inhalte konzentriert, zielgerichtet und effizient,
> → eigenverantwortlich,
> → im Umgang miteinander zufriedenstellend und möglichst störungsfrei sowie
> → an der Umsetzung in die alltägliche Praxis orientiert
>
> zu bearbeiten.

Eine erfolgreiche Moderation hat also immer mit einer Gruppe zu tun, die im besten Falle inhaltlich engagiert und verantwortlich an einem Thema arbeiten will, zum anderen mit einem Moderator, der die Gruppe darin unterstützt. Dieses Verständnis von Moderation ist mit einer bestimmten **Haltung** und einem bestimmten **Auftreten des Moderators** verknüpft – eine Haltung, die etwas von dem rechten Maß und der Selbstkontrolle hat, die in der ursprünglichen lateinischen Bedeutung von »moderatio« liegt. Im Mittelpunkt dabei:

→ die inhaltliche Unparteilichkeit des Moderators,
→ seine personenbezogene Neutralität sowie
→ die souveräne und professionelle methodische Unterstützung des gesamten Arbeitsprozesses der Gruppe.

»Klingt noch sehr theoretisch. Und wo finde ich das in der Praxis?«

»In den letzten Jahren hat sich die Moderationsmethode wirklich zu einem weitverbreiteten Vorgehen entwickelt. Immer häufiger werden einzelne Arbeitstreffen von ausgebildeten Mitarbeitern oder von externen Moderatoren moderiert. Solche Sitzungen können beispielsweise sein:

→ wöchentliche Routinebesprechungen auf allen Führungsebenen im Unternehmen;

→ *Gruppenarbeitssitzungen in der Produktion;*

→ *Arbeitstreffen, in denen Mitarbeiter aus unterschiedlichen Abteilungen neue Ideen diskutieren, Probleme lösen, Produkte weiterentwickeln oder sich Gedanken über Kosteneinsparungen machen;*

→ *Krisensitzungen, wie in unserem Beispiel mit Meistern und Ingenieuren;*

→ *Workshops im Rahmen von Reengineering-Projekten oder bei der Einführung neuer Qualitätsstandards;*

→ *›KVP-Gruppen‹ (Kontinuierliche Verbesserungs-Prozesse) zur Verbesserung beispielsweise der Kundenorientierung, der Prozessbeschleunigung oder der Reklamationsbearbeitung;*

→ *und ebenso Arbeitsgruppen in der Uni, die als Team regelmäßige Projektbesprechungen und Problemlösungssitzungen abhalten.*

Überall, wo es in Organisationen und Unternehmen um Veränderungen geht, um die Neuausrichtung von Abteilungen, um das Zusammengehen zweier Unternehmen oder die schnelle Anpassung an neue Herausforderungen am Markt, um nur einige Beispiele zu nennen – überall dort hat sich die Moderationsmethode in den letzten Jahren zu einem unverzichtbaren Hilfsmittel für Berater und Führungskräfte entwickelt.«

3 DIE STÄRKEN DER METHODE: VIER ERFAHRUNGEN ←

❶ Die Kompetenz, das Wissen und die Kreativität möglichst aller Teilnehmer der Arbeitssitzung werden genutzt. Allen Gruppenmitgliedern wird die aktive Teilnahme ermöglicht. Die Synergie erhöht die Qualität des Ergebnisses.

Dazu werden Arbeitsverfahren eingesetzt, die alle Teilnehmer mit ihren subjektiven Voraussetzungen gleichermaßen aktivieren und einen lebendigen Arbeitsprozess ermöglichen, beispielsweise durch das Karten-Antwort-Verfahren oder durch Kreativitätstechniken wie das Brainstorming (s. S. 79 f.). Die Gleichbehandlung aller Gruppenmitglieder durch den Moderator ist dabei eine wichtige Voraussetzung.

❷ Der moderierte Arbeitsprozess lässt ein hierarchiefreies Klima entstehen. Die Teilnehmer arbeiten gerne mit. Die Wahrscheinlichkeit, dass sie mit dem Verlauf und vor allem mit dem Ergebnis zufrieden sind, steigt.

Die Rolle des Moderators und die Regeln der Moderationsverfahren sind darauf ausgerichtet, in der Gruppe niemanden zu bevorzugen oder zu benachteiligen. Alle erhalten grundsätzlich die gleichen Möglichkeiten zur Teilnahme am Arbeitsprozess.

»Das heißt dann, dass ich als Vorgesetzter und Besprechungsteilnehmer vom Moderator und von der Gruppe als Gleicher unter Gleichen behandelt werde. Dem kann ich persönlich gut zustimmen. Was ist aber mit Vorgaben der Geschäftsleitung, Zielen des Unternehmens, objektiven Rahmenbedingungen

und auch den Gewohnheiten der Angehörigen der Hierarchie, die in solch einer Sitzung unbedingt ihre Vorgaben, Auffassungen und auch Interessen durchsetzen wollen oder müssen und auf ihrer Vorgesetztenrolle bestehen?«

»Erfahrene Moderatoren sprechen derartige Probleme möglichst im Vorfeld der Moderation mit den beteiligten Vorgesetzten ab und erläutern ihnen  die Idee der Moderation. Wenn eine Entscheidung für eine Sache schon eindeutig feststeht, dann raten sie davon ab, dazu noch eine moderierte Arbeitssitzung durchführen zu lassen. Wenn aber noch Alternativlösungen aus der Gruppe möglich oder gewünscht sind und die Vorgesetzten mit einem solchen Vorgehen einverstanden sind, dann sollten sie sich auf die gemeinsam vereinbarten Regeln einlassen und sich daran halten – als Gleiche unter Gleichen.«

»Und das klappt?«

»Meistens sehr gut sogar. Mir ist beispielsweise ein Versicherungsunternehmen bekannt, in dem nach einer Reorganisation notwendige Anpassungs- und Realisierungssitzungen moderiert wurden. An einigen dieser Sitzungen nahmen bis zu vier Führungsebenen teil, die sich intensiv und mit großer Zufriedenheit verständigen konnten. Aber das funktioniert nicht immer. Die Moderationsmethode ist leider kein Wunderheilmittel für eine diffuse und ungeklärte Führungskultur im Unternehmen.«

»Aber was ist mit Zielvorgaben des Unternehmens, Sachzwängen und Vorentscheidungen von meiner Seite? Die müssen in der Sitzung doch irgendwie zur Geltung kommen?«

»Unbedingt! Die sollten Sie im Vorfeld mit dem Moderator besprechen und sie vielleicht auch den Gruppenmitgliedern mitteilen. Der Moderator oder Sie persönlich können dann zu Beginn der Sitzung darstellen, was für eine gemeinsame Gestaltung offen ist und was nicht. Die gesetzten Rahmenbedingungen fließen in die Zielformulierung und -vorstellung ein. In-

nerhalb des von Ihnen vorgegebenen Rahmens können die Themen dann
bearbeitet werden. Auch eine selbstverantwortliche Gruppe agiert natür-
lich nicht im luftleeren Raum.«

❸ Störungen und Konfliktsituationen während der Arbeitsprozesse
   werden bearbeitet und versachlicht, um die volle inhaltliche Leistungsfähigkeit der Gruppe zu erhalten oder wiederherzustellen.

Der Moderator wird in der Gruppe Störungen und Konflikte ansprechen, die das zielgerichtete Arbeiten am Thema beeinträchtigen, sie
möglichst aus dem aktuellen Arbeitsprozess ausklammern oder – wenn
es nicht anders geht – zur Behandlung anbieten. Er versucht so, wieder
zur sachlichen Arbeit zu ermutigen. Er stellt sicher, dass die inhaltliche
Aufgabe im Vordergrund steht und deren Bearbeitung möglichst nicht
durch unterschwellige Konflikte beeinträchtigt wird.

❹ Die erarbeiteten Ergebnisse einer moderierten Sitzung finden bei
   den Teilnehmern hohe Akzeptanz. Dadurch steigt ihre Realisie-
   rungs- und Umsetzungschance nach Beendigung des Arbeitsprozesses.

In einem moderierten Arbeitsprozess sind alle Teilnehmer aktiv beteiligt und gemeinsam für das inhaltliche Ergebnis verantwortlich. Ein solches Gesamtergebnis wird im Idealfall von allen Gruppenmitgliedern
gleichermaßen getragen. Der Moderator unterstützt deshalb ein kon-
sensorientiertes Vorgehen schon während des Arbeitsprozesses.

»Das ist wahrscheinlich auch der Grund, warum immer mehr Beratungs-
unternehmen, die an wirklichen Veränderungen beim Kunden interessiert
sind, mit moderierten Gruppen arbeiten. Wenn ich mir die ganzen Vortei-
le noch einmal durch den Kopf gehen lasse, ist das wichtigste Merkmal ei-
ner moderierten Arbeitssitzung – egal ob Besprechung oder Projektsit-
zung –, dass die gesamte Gruppe gleichberechtigt, zielgerichtet und kon-
sensorientiert an einem Sachthema oder Problem arbeitet. Und die Grup-
pe trägt für das Ergebnis die inhaltliche Verantwortung. Der Moderator
begleitet und fördert diesen Arbeitsprozess methodisch. Aber ob das alles so
elegant funktioniert, wie es hier vollmundig formuliert wird?«

→ # 4 MODERIEREN UND LEITEN: DIE WICHTIGSTEN UNTERSCHIEDE

»Das klingt bisher alles recht gut. Moderation versucht also, etwas anders vorzugehen als die klassische Besprechungsleitung, wie ich sie in meiner Praxis bisher kennengelernt habe. Wo liegen denn nun die zentralen Unterschiede?«

»In der folgenden Übersicht finden Sie idealtypisch die wichtigsten Unterschiede zwischen dem Leiten und dem Moderieren am Beispiel einer Besprechung gegenübergestellt. Diese Gegenüberstellung ist bewusst extrem ausformuliert, um die Besonderheiten herauszustellen, die in beiden Möglichkeiten liegen.«

»Halt mal, bevor ich das sorgfältig lese, wie gehe ich mit den beiden Formen in der Praxis um?«

»Unsere Tipps für die Praxis gefällig?

→ *Wir plädieren für ›offene Karten‹: Wenn Leitung, dann Leitung. Und:
Wenn Moderation, dann Moderation – so exakt und konsequent, wie
möglich.*

→ *Im Übrigen: Abweichungen immer wieder bewusst thematisieren und
begründen. Das bedeutet: Wenn der Moderator unbedingt einmal inhaltlich Stellung nehmen will, dann sollte er der Gruppe verständlich
machen, warum er dies tut, dies dann auch tun und anschließend vor
aller Augen wieder zur inhaltlich unparteiischen Rolle des Moderators
zurückkehren. Ein solches Vorgehen wird von den meisten Teilnehmern akzeptiert. Dies umso mehr, wenn der Moderator bei seiner Vorstellung zu Beginn der Sitzung die Möglichkeiten eines Rollenwechsels
anspricht und begründet.*

→ *Am besten sammeln Sie in der Praxis zunächst Erfahrungen mit der
›reinen klassischen Moderation‹, um dadurch die Leistungskraft dieser
Methode zu erleben und zu nutzen. Das bedeutet etwas pathetisch ausgedrückt: Versuchen Sie es zur Meisterschaft im Anwenden der klassischen Moderationsmethode zu bringen. Je souveräner Sie eine Arbeitssitzung moderieren, desto unproblematischer wird der Wechsel in eine
andere Rolle empfunden – von Ihnen und von den anderen.*

→ *Grundsätzlich gilt: Wenden Sie die Moderationsmethode als ganz nor-
males, zusätzliches Methodenangebot an, statt sie als neues Wunder-
mittel und Zauberformel anzupreisen und zu überfordern.«*

Arbeitsgruppen leiten

Als Leiter einer Besprechung bin ich stets auch inhaltlich beteiligt, habe inhaltliche Interessen, beispielsweise nehme ich Stellung, bewerte die Aussagen anderer und verstärke bestimmte Beiträge.

Als Leiter werde ich bei der Vorbereitung und Durchführung der Besprechung weniger Konzentration auf die Auswahl bestimmter Arbeitsmethoden und Verfahrensweisen verwenden. Mein Hauptaugenmerk liegt auf dem Inhalt.

Als Leiter muss ich häufig meine eigene Position durchsetzen. Ich vertrete Vorgaben und Ziele des Unternehmens, objektive Rahmenbedingungen oder Sachzwänge, und ich lasse meine Prioritäten auch deutlich erkennen.

Als Leiter gebe ich in der Regel die konkreten Arbeitsziele in der Besprechung vor.

Als Leiter werde ich Störungen (beispielsweise Rivalitäten oder persönliche Angriffe) vermeiden, ignorieren, tadeln oder die Parteien zur Sachlichkeit ermahnen. Manchmal jedoch bin ich als Leiter auch Ursache für so manche Störungen, vor allem dann, wenn ich unangenehme Positionen vertrete.

Als Leiter kann es mir schon einmal passieren, dass ich Einzelne in der Sitzung bevorzuge und andere etwas vernachlässige. Es ist halt so im Leben, man kann nicht mit allen gleich gut.

Als Leiter arbeite ich mit den ungeschriebenen Regeln der Leitungskunst (beispielsweise: »Kein Beitrag länger als 60 Sekunden!«).

Als Leiter delegiere ich in der Regel die Protokollierung der Sitzung oder erledige die Aufgabe nebenbei und mache mir Notizen, damit im Nachhinein ein Protokoll erstellt werden kann.

Als Leiter bin ich meist der hierarchisch Höhergestellte. Meine Aussagen besitzen damit von vornherein ein besonderes Gewicht.

Arbeitsgruppen moderieren

Als Moderator einer Arbeitssitzung bin ich inhaltlich unparteiisch und trage dazu bei, dass alle Aussagen gleichrangig Beachtung finden.

Als Moderator lege ich den Schwerpunkt meiner Konzentration auf die Auswahl und Anwendung von Methoden und Verfahren. Ein Teil meiner Konzentration liegt auf dem Inhalt, für den aber die Gruppe die ausschlaggebende Verantwortung trägt.

Als Moderator bin ich für den Willensbildungsprozess der Gruppe verantwortlich, unter Beachtung des Prinzips der Gleichwertigkeit aller Teilnehmer und Beiträge. Meine inhaltlichen Prioritäten gebe ich – selbst auf Nachfrage – nicht zu erkennen.

Als Moderator fördere ich die Gruppe dabei, wie sie die Ziele erarbeitet. Werden Ziele von einem Auftraggeber vorgegeben, so prüfe ich vorher, wie realistisch sie in der Sitzung zu erreichen sind, formuliere sie aus und stelle sie der Gruppe vor. Ich stelle sicher, dass alle das Ziel verstanden haben und werbe dafür, dass sich alle für die Zeit der Arbeitssitzung auf das Ziel einlassen können.

Als Moderator teile ich personenbezogen neutral der Gruppe meine Wahrnehmungen über die Gruppenarbeit störende Entwicklungen mit, ich spiegele sie also. Ich frage die Gruppe, wie sie mit dem Geschilderten umgehen will. Ich kann methodische Hilfen für die Weiterarbeit anbieten.

Auch wenn man im Leben nicht mit allen kann: Professionelle Moderation bedeutet, dass ich mich allen Teilnehmern der Sitzung gegenüber gleichermaßen wertschätzend verhalte.

Als Moderator unterstütze ich die Teilnehmer dabei, Regeln für den Umgang miteinander zu formulieren. Ich kann der Gruppe Vorschläge für solche Regeln unterbreiten.

Als Moderator ist es für mich eine wichtige Aufgabe, Vereinbarungen, Arbeitsschritte und Ergebnisse offen (für alle sichtbar) und simultan (möglichst zeitgleich zum Arbeitsprozess) darzustellen, zu visualisieren.

Als Moderator besitze ich besondere methodische Verantwortung für den Arbeitsprozess. Dafür habe ich besondere Kompetenzen. Ansonsten spielt weder meine noch die Position der Teilnehmer in der Unternehmenshierarchie während der Arbeitssitzung eine Rolle.

Aber die Praxis?!

Betrachtet man Arbeitssitzungen in der betrieblichen Praxis genau, so lässt sich die hier aufgeführte, um der Klarheit willen scharf gezeichnete, Trennung zwischen Leitung und Moderation nicht immer aufrechterhalten. Auch manche Leiter verhalten sich inhaltlich neutral und fühlen sich stark für die Methoden und Arbeitsweisen verantwortlich, setzen gelegentlich sogar das Kartenschreiben wie ein Moderationsverfahren ein. Auf der anderen Seite gibt es Moderatoren, die konsequent im Sinne der hier dargestellten Übersicht vorgehen, aber gelegentlich doch inhaltliche Einschübe machen, um den Arbeitsprozess in eine bestimmte, inhaltliche Richtung voranzutreiben. In diese Situation kommen beispielsweise moderierende Berater, die eine Kundengruppe bei der Lösung eines Problems begleiten sollen, gleichzeitig aber unter dem Druck stehen, für einen Auftraggeber, beispielsweise die Geschäftsleitung der Sitzungsteilnehmer, eine qualitativ hochwertige Lösung erarbeiten zu lassen.

All das kommt täglich vor – und spricht weder gegen die Leistungen einer »reinen« Leitung noch gegen die einer »reinen« Moderation. Mischformen können sogar sinnvoll sein. Sie können der von allen gewünschten Zielerreichung dienen oder der Intensivierung von Mitarbeit an Besprechungen. Nicht zuletzt durch die Erfolge der Moderation hat auch die klassische Besprechungsleitung viele Impulse für eine Weiterentwicklung erhalten (siehe dazu das »Bonuskapitel« in diesem Buch zum gekonnten Leiten einer Besprechung).

Im Falle der Moderation jedoch führt das »heimliche« Aufweichen der zentralen Arbeitsprinzipien – der Moderator behauptet zwar, inhaltlich unparteiisch zu sein, verfolgt aber beispielsweise durch die Art seiner geschlossenen und leicht suggestiven Fragen ein bestimmtes inhaltliches Interesse, das er an keiner Stelle der Sitzung offenlegt – erfahrungsgemäß immer wieder dazu, dass sich die Teilnehmer nicht ernst genommen und manchmal sogar regelrecht manipuliert vorkommen: *»Es hieß zwar, dass wir für die Ergebnisse verantwortlich sind, der da vorne will uns letztlich aber doch in eine Richtung lenken, sagt das aber nicht deutlich. Dann soll er doch gleich die ganze Arbeit machen!«*

5 DER MODERATOR: WAS ZEICHNET IHN AUS?

Ein Moderator wird nur dann erfolgreich arbeiten, wenn er von der nicht-leitenden und nicht-bevormundenden Moderationsphilosophie überzeugt ist und dies auch in seinem Moderationsverhalten zum Ausdruck bringt. Noch so gute Kärtchenverfahren und andere Techniken allein können keine effiziente Kooperation in der Gruppe bewirken.

Daraus folgt die Frage: Was muss ein Moderator mitbringen und wie muss er sich verhalten, um erfolgreich im Sinne der hier vorgestellten Moderationsmethode arbeiten zu können?

Wir wollen den Moderator mit zwei prall gefüllten Koffern ausstatten, mit denen er über ein taugliches Arsenal an Hilfsmitteln verfügt.

Im **Werkzeugkoffer** finden sich die verschiedenen Arbeitsverfahren, die klassischen Moderationsverfahren (beispielsweise das Karten-Antwort-Verfahren) oder andere Gruppenarbeitsverfahren, die in einer Moderation verwendet werden können (zum Beispiel das Brainstorming). Diese Verfahren helfen bei der Sammlung, Strukturierung, Gewichtung und weiteren Bearbeitung von Inhalten in einer Gruppenarbeit.

In diesen Koffer gehören auch die Visualisierungstechniken, um während des gesamten Arbeitsprozesses (Zwischen-)Ergebnisse, wichtige Arbeitsschritte oder Ideen transparent machen zu können. Dies kann mithilfe von Flipchart, Pinnwand, Tafel oder – wo sinnvoll – mit Laptop und Beamer erfolgen.

Verfahren und Techniken für die Gruppenarbeit reichen jedoch nicht aus, um eine Arbeitssitzung zielgerichtet zu moderieren. Was der Moderator benötigt, um den Arbeits**prozess** der Gruppe methodisch zu begleiten und zu unterstützen, haben wir in den **Prozesskoffer** gepackt. Dazu gehört beispielsweise die Art, wie er mit Fragen arbeitet, wie er auf Zielverfolgung achtet, wie er das Ziel und den Weg dorthin transparent macht.

Beide Koffer nutzen wenig, wenn der Moderator nicht auf einem stabilen Fundament steht, das wir als seine **Moderatorenhaltung** beschreiben. Sie ist gekennzeichnet durch **inhaltliche Unparteilichkeit** und **personenbezogene Neutralität**.

Das Fundament I: Inhaltliche Unparteilichkeit

Dieser Punkt wurde schon mehrmals angesprochen: Aus der inhaltlichen Debatte eines Themas hält sich der Moderator während seiner Moderation bewusst heraus. Er vermeidet bewertende Stellungnahmen für oder gegen eine Idee, einen Vorschlag, eine Behauptung oder Aussage. Seine eigene Meinung zum Thema behält er für sich. Er verhält sich also inhaltlich unparteiisch oder neutral. Es gibt für ihn kein »richtig« oder »falsch«. Der Moderator akzeptiert die jeweiligen Wahrheiten und Wirklichkeiten der Gruppenmitglieder und hilft dabei, dass die Meinungsvielfalt akzeptiert und gegenseitiges Verstehen möglich wird. Damit macht er deutlich, dass er sich nicht auf irgendeine Seite ziehen lässt. Seine Akzeptanz sucht er ausschließlich als **methodisch Verantwortlicher für den Arbeitsprozess**.

Aus der Forderung nach inhaltlicher Unparteilichkeit folgt für die Moderationspraxis beispielsweise, dass sich Vorgesetzte von anwesenden Gruppenteilnehmern als Moderatoren schwertun, da sie selbst dezidiert inhaltliche Interessen verfolgen. Natürlich bleibt es ihnen unbenommen, Gruppenprozesse zu leiten; eine Moderation mit allen Vorteilen und Chancen werden sie aber nur mit Einschränkungen gestalten können.

Dagegen zeigt die Moderationspraxis, dass sich auch Personen durchaus als Moderatoren eignen, die keine ausgewiesenen Experten in dem zu bearbeitenden Thema sind und die vor allem keine eigenen inhaltlichen Interesssen in Verbindung mit der Thematik verfolgen. Ihnen fällt es häufig leichter, inhaltlich unparteiisch und neutral zu bleiben. Sie können sich mit ganzer Aufmerksamkeit auf den Arbeitsprozess konzentrieren.

Das Fundament II: Personenbezogene Neutralität

Mit personenbezogener Neutralität ist keine gefühllose Haltung oder gar Gefühlskälte des Moderators gemeint, sondern eine möglichst gleiche Wertschätzung allen Beteiligten gegenüber. Der Moderator lebt das

Prinzip »Gleichberechtigung aller Gruppenmitglieder« vor. Niemand wird bevorzugt oder benachteiligt, die Meinungen, Haltungen und Einstellungen in der Gruppe sind für den Moderator grundsätzlich gleich wichtig. Es ist seine Aufgabe, Minderheiten ebenso Gehör zu verschaffen und damit das gesamte Meinungsspektrum in der Gruppe offenzulegen.

Diese Forderung stellt vielleicht für manche Leserinnen und Leser eine Selbstverständlichkeit dar. Sie glauben, zumindest äußerlich allen Teilnehmern einer Sitzung das gleiche Maß an Wertschätzung entgegenbringen zu können, und sie bemühen sich redlich. Aber in der Praxis ist doch häufig genug zu beobachten, dass vor allem inhaltlich engagierte Besprechungsleiter unbewusst manche Teilnehmer bevorzugen, andere dagegen benachteiligen.

In unserem Arbeitsalltag findet die schnelle, pragmatische Lösung, der rasche Einfall oft mehr Beifall als das Bemühen um alternative Lösungen. Unsere gewohnten Denk- und Verhaltensmuster verhindern meistens die nachhaltige Suche nach dem Neuen, dem Ungewöhnlichen. Auch die Ausbildung in Schule, Universität oder Unternehmen betont das Urteilen in Richtig und Falsch. Wir bemühen uns in vielen Fällen nicht genügend, andere, abweichende Aussagen auf ihre Tragfähigkeit hin zu prüfen und ihr Lösungspotenzial zu ergründen. Dem widersteht ein erfahrener Moderator. Er geht von der grundsätzlichen Gleichwertigkeit subjektiver Wirklichkeitskonstruktionen aus. So kann er die Gruppe davor bewahren, vorschnell auf geäußerte Ideen zu verzichten, die erstbeste Lösung aufzugreifen, den »Querdenker« zu blockieren oder die »Leisen« zu überhören.

Die personenbezogene Neutralität ist ein sinnvolles, subjektiv anwendbares Prüfkriterium vor der Annahme einer Moderatorenrolle. Wer nicht bereit ist, diese Haltung auch konsequent durchzuhalten, wird sich schwertun, eine unterstützende Moderation zu gestalten.

Die Betreuung des Arbeitsprozesses: »Gegenstände« aus dem Prozesskoffer

Die beiden Bedingungen einer erfolgreichen Moderation – inhaltliche Unparteilichkeit und personenbezogene Neutralität – erweitern die Reaktions- und Handlungsmöglichkeiten des Moderators im Vergleich zu

einem inhaltlich engagierten und weitgehend festgelegten Besprechungsleiter. Durch die Unparteilichkeit und Neutralität erhält der Moderator
den notwendigen Freiraum für seine eigentliche Aufgabe: Er ist zustän-
dig für den **Arbeitsprozess** der Gruppe.

Bei der Unterstützung des Arbeitsprozesses der Gruppe achtet der Moderator darauf, dass

❶ der gesamte Arbeitsprozess strukturiert verläuft;

❷ für den Arbeitsprozess (Teil-)Ziele vereinbart und im Auge behalten
  werden;

❸ er im gesamten Arbeitsprozess immer wieder unterstützende Regeln
  anbietet oder die Gruppe anregt, selbst Regeln zu formulieren;

❹ er situativ sinnvolle Arbeitsverfahren anbietet, Sinn und Zweck ver-
  deutlicht und die Durchführung betreut;

❺ der Kontakt zwischen den Teilnehmern auf einer tragfähigen Beziehungsbrücke verläuft;

❻ er eine fragende Haltung einnimmt;

❼ er das Geschehen in der Gruppe mit einer gewissen Regelmäßigkeit
  mit eigenen Worten wiederholt und zusammenfasst.

❶ **Der Moderator achtet darauf, dass der gesamte Arbeitsprozess
strukturiert verläuft.**

Dazu gehört sowohl der Einstieg
in den Arbeitsprozess (beispielsweise mit Begrüßung, Stimmungsabfrage und Zielklärung)
als auch der Ausstieg (beispielsweise mit Maßnahmenplan oder
Erwartungsabgleich). Dazu ge-
hört ebenso die Gestaltung des
Hauptteils, indem beispielsweise Teilziele vereinbart oder unterschiedli-
che Arbeitsschritte angeboten werden, die sysematisch zum Ziel der gesamten Sitzung führen. Ein ausführliches Beispiel für einen solchen Ablauf einer strukturierten Arbeitssitzung finden Sie in Kapitel 10.

❷ Der Moderator achtet darauf, dass für den Arbeitsprozess Ziele vereinbart und im Auge behalten werden.

Jede Besprechung, jede Problemlösungssitzung oder jeder Arbeitsprozess hat ein bestimmtes Ziel. Dieses Ziel kann von einem Auftraggeber
der Sitzung, beispielsweise der Geschäftsleitung des Unternehmens, vorgegeben sein, es kann aber auch von der Gruppe gemeinsam erarbeitet
werden. Das Ziel wird zu Beginn des moderierten Arbeitsprozesses für
alle in der Gruppe eindeutig geklärt und ausformuliert. An diesem Ziel
orientiert sich auch der Moderator in seiner methodischen Verantwortung für den Arbeitsprozess. Er wird alles tun, um die Gruppe auf dem
Weg zu diesem Ziel zu unterstützen.

»Ich hatte heute Morgen so etwas wie ein Ziel vorgeschlagen: ›Das Problem
einmal in einer ersten Runde angehen‹, hatte ich gesagt. Das war natürlich
grob formuliert.«

»Für eine kurze, allererste moderierte Sitzung hätten Sie als Ziel vorschlagen und mit der Gruppe abklären können: ›Sammeln von offenen Fragen
in der aktuellen Zusammenarbeit zwischen Meistern und Ingenieuren‹ sowie ›Erstellung eines Maßnahmenplans für das weitere Vorgehen bis zum
nächsten Treffen‹.«

Sich um die Zielverfolgung kümmern bedeutet dann, dass der Moderator der Gruppe mitteilt, an welcher Stelle auf dem Weg zum Ziel sie gerade steht. Er hilft, Zwischenergebnisse transparent zu machen und diese zu visualisieren. Gleichzeitig macht er die Gruppe darauf aufmerksam, wenn sie vom Weg zum Ziel abweicht, auf Nebenschauplätzen ar-

beitet oder dabei ist, geplante Arbeitsschritte unbesprochen zu überspringen. Er teilt der Gruppe also mit, was sie gerade tut, und fragt sie, ob sie das, was sie tut, auch wirklich tun will. Es ist dann die Aufgabe der Gruppe, zu entscheiden, wie sie weiterarbeiten möchte; ob der Nebenschauplatz zum – zeitlich begrenzten – Hauptthema werden soll, ob er »vertagt« werden kann und später wieder aufgegriffen werden soll.

Der Moderator wiederholt dabei hauptsächlich mit eigenen Worten die gemachten Äußerungen, er schafft so Übersicht, sorgt für einen gleichen Diskussionsstand bei allen Anwesenden, weist auf den Unterschied zwischen Verfahrensfragen und inhaltlichem Vorgehen hin. Und er arbeitet mit unterstützenden Fragen. Beispielsweise: *»Was wollen Sie damit weiter tun?« »Was bedeutet diese Aussage für Ihr weiteres Vorgehen?« »Was heißt das für die soeben getroffene Entscheidung?« »Es wurden soeben zwei alternative Verfahrensvorschläge gemacht, nämlich … Die darauf folgenden Äußerungen führen bereits den ersten Vorschlag weiter. Ich empfehle Ihnen, zuerst das weitere Vorgehen zu entscheiden und dann die zugehörigen Fragen zu diskutieren.«*

»Was ist aber, wenn Gruppenmitglieder mitten in der Arbeitssitzung das Ziel des Treffens verändern wollen? Als Moderator müsste ich da doch massiv dazwischenhauen, oder?!«

»Es ist nicht die Aufgabe des Moderators, die Gruppe zu bewerten, zu loben oder zu tadeln. Damit würde er vor allem seine personenbezogene Neutralität aufgeben und das Vertrauen der Gruppenteilnehmer in seine Integrität aufs Spiel setzen. In der Praxis besteht das eigentliche Problem meist gar nicht darin, dass eine Gruppe bewusst und gewollt ihr Ziel verändert, sondern dass dies unbemerkt im ›Eifer des Gefechts‹ erfolgt. Der Moderator bringt die Gruppe dazu, einen solchen Schritt offen und nachvollziehbar zu entscheiden. Die Gruppe wird dann das neue oder veränderte Ziel auch formulieren. Wenn eine Gruppe im Verlauf des Arbeitens merkt, dass sie ein gesetztes Ziel nur dann erreichen kann, wenn sie vorher andere Fragen geklärt hat, dann soll und wird sie dies tun. Der Moderator hilft ihr dabei, weist auf die Folgen für die aktuelle Sitzung hin, auf Zeitprobleme oder notwendige neue Treffen. Für den Fall jedoch, dass das Ziel von einem Auftraggeber vorgegeben wurde, weist der Moderator auf diese Tatsa-

che hin – und auch auf die möglichen Konsequenzen, die eine Verände-
rung des Ziels für die Erfüllung des Arbeitsauftrages hat. Je nach Situation
wird der Moderator massiv für die Beibehaltung des vorgegebenen Ziels
eintreten. Das kann nicht leicht sein. Er sollte es jedoch versuchen, schließ-
lich ist er seinem Auftraggeber gegenüber verpflichtet.«

❸ **Der Moderator achtet darauf, dass er situativ sinnvolle Arbeitsver-**
   fahren anbietet, ihre Regeln erläutert und deren Einhaltung über-
   wacht.

Der Moderator unterbreitet immer wieder Vorschläge, welche konkreten Verfahren möglich und nach seiner Erfahrung zum jeweiligen Zeitpunkt des Geschehens sinnvoll sind, um das gesetzte Ziel zu erreichen.
Beispielsweise kann er das Sammeln von Themenvorschlägen durch das
Karten-Antwort-Verfahren oder durch ein Brainstorming vorschlagen.
Er kann empfehlen, die Reihenfolge für die Themenbearbeitung durch
das Gewichtungsverfahren festzulegen, einzelne Themen durch sorgfältig vorbereitete Kleingruppenarbeit oder durch eine moderierte Diskussion zu bearbeiten. Er stellt das spezifische Ziel und die Leistungsfähigkeit des jeweiligen Verfahrens vor, beschreibt den Ablauf und erläutert
die spezifischen Regeln für die Durchführung.
   Beispiele für die Anwendung der Verfahren finden Sie im Kapitel 10
über den möglichen »Ablauf einer moderierten Arbeitssitzung«. Die
ausführliche Beschreibung von Zielen und Vorgehen der verschiedenen
Verfahren finden Sie im Kapitel 7.

❹ **Der Moderator achtet darauf, dass er immer wieder unterstützende**
   Regeln anbietet oder die Gruppe anregt, selbst Regeln zu formulie-
   ren.

Spielregeln können die Kooperation der Gruppenmitglieder während
einer Arbeitssitzung erleichtern, fördern oder positiv vorantreiben. Das
ist meist dann der Fall, wenn diese Regeln für die Zusammenarbeit auf
die anwesenden Teilnehmer maßgeschneidert sind und zur konkreten
Situation passen. Derartige Spielregeln sind also weder »Knebel« (Ver-

bote) für Vielredner noch »Antreiber« (Gebote) für Wenigredner oder Desinteressierte. Sie sollen ein zielgerichtetes und effizientes Zusammenwirken in der Gruppe bewirken und unterstützen.

Die einfache, vielfach anzutreffende Regel »Jeder darf nur eine Minute (oder ähnlich) lang reden« beispielsweise bremst vielleicht den einen oder anderen Vielredner, ist aber häufig der einzige Versuch von Gruppen, die Zusammenarbeit in den Griff zu bekommen. Es gibt jedoch eine Vielzahl von praxiserprobten Regeln. Und es gibt für Gruppen kaum Grenzen, immer wieder hilfreiche, den Umgang der Gruppenmitglieder miteinander unterstützende Regeln selbst zu formulieren.

Erfahrene Moderatoren entwickeln die Spielregeln für konkrete Situationen während des Arbeitsprozesses oftmals mit der Gruppe gemeinsam.

Unabhängig von diesem Vorgehen überlegt sich der Moderator vor der Moderation, welche Spielregeln für die jeweils konkrete Gruppe vermutlich von Anfang an geeignet sind und welche er aus seiner Erfahrung heraus anbieten möchte.

Einige Beispiele für hilfreiche Spielregeln in moderierten Gruppenarbeiten

→ Ich (als Moderatorin/Moderator) fasse jede geäußerte Meinung knapp zusammen, auf das Wesentliche reduziert. Damit ermöglichen wir, dass sachlicher, differenzierter und ergiebiger über Standpunkte und Hintergründe diskutiert wird, die Beweggründe der Einzelnen werden transparenter.

→ Ich begründe Fragen an andere Teilnehmer kurz (»Ich frage aus folgendem Grund ...«). Damit vermeide ich, dass sich der Angesprochene ausgefragt fühlt, vorgeführt oder kontrolliert vorkommt oder dass er meint, ihm sollten Fehler nachgewiesen werden. Ich spreche möglichst von »ich« statt von »man«, um meine Meinung eindeutig als solche zu kennzeichnen, um »Flagge zu zeigen«. Dadurch fällt es den anderen Gruppenmitgliedern leichter, über den Inhalt einer persönlichen Meinung sachlich zu sprechen, statt gegen eine generalisierende Behauptung angehen zu müssen.

→ Bei Überschreitungen von Zeitvereinbarungen suchen wir einen angemessenen Abbruch. Damit stellen wir sicher, dass auch Vielredner
angemessen eingebunden werden, andere ebenfalls zu Wort kommen und alle mit Motivation am gemeinsamen Arbeitsprozess beteiligt bleiben.

→ Wir erarbeiten unsere Ergebnisse konsensorientiert – und möglichst
nicht auf der Grundlage von Mehrheitsabstimmungen. Damit versuchen wir »Winner-Looser«-Situationen zu vermeiden und »Winner-
Winner«-Gelegenheiten zu schaffen.

→ Ich lasse die persönlichen Erfahrungen des Teilnehmers als seine
subjektive Perspektive (seine subjektive Wirklichkeit) gelten. Dadurch zeige ich meine Wertschätzung der Person des anderen gegenüber und erhalte so die gleiche Wertschätzung/Aufmerksamkeit
für meine Erfahrungen.

→ Bevor ich jemandem widerspreche, wiederhole ich mit meinen eigenen Worten, was ich von ihm verstanden habe. Damit vermeiden wir
ein Aneinandervorbeireden bei kontroversen Diskussionen.

→ Wenn ich einer anderen Meinung widerspreche, stelle ich das Wei-
terführende an meiner Idee heraus. Damit treiben wir den Erkennt-
nisprozess voran und vermeiden, immer wieder auf alte Positionen
zurückzukommen.

→ Erst wenn wir unterschiedliche Meinungen visualisiert haben, diskutieren wir sie vergleichend. Damit stellen wir die gleiche Ausgangsla-
ge für alle Teilnehmer her.

→ Störungen, die das sachliche Weiterarbeiten in der Gruppe massiv
beeinträchtigen, bearbeiten wir vorrangig. Damit stellen wir sicher,
dass Störungen die Zielerreichung nicht behindern und die Gruppe
rasch zur inhaltlichen Weiterarbeit zurückfindet.

→ Wir bemühen uns, jeden Redebeitrag auf maximal eine Minute zu
beschränken. Damit erreichen wir, dass möglichst viele in der Gruppe zu Wort kommen.

❺ Der Moderator achtet darauf, dass der Kontakt zwischen den Teilnehmern auf einer tragfähigen Beziehungsbrücke verläuft.

Erfolgreiches inhaltliches Arbeiten (auf der Sachebene) ist nur möglich,
wenn die Beziehungen zwischen den Gruppenmitgliedern sowie die Art
und Weise ihres Umgangs miteinander einigermaßen intakt sind. Störungen auf der Beziehungsebene, also beispielsweise ungeklärte Miss-

verständnisse, Rivalität, Neid, ausgesprochene Vorurteile, können das
Arbeiten in der Sache erschweren, manchmal sogar völlig blockieren.

Der Moderator als Kommunikationsfachmann muss daher auf »auffällige« Interaktionen zwischen den Teilnehmern achten: beispielsweise,
wenn sie aneinander vorbeireden, wenn bestimmte Beiträge nicht ernst
genommen werden, wenn Meinungsunterschiede zu persönlichen Angriffen führen. Bei Störungen, die den Arbeitsprozess einer Gruppe offensichtlich stark behindern oder sogar zu blockieren drohen, teilt der
Moderator seine Wahrnehmung der Gruppe mit, lenkt ihre Aufmerksamkeit auf die Situation, sodass die Gruppe prüfen kann, ob, wie und
wann sie darauf reagieren will.

Viele in einer solchen Situation auftretenden Probleme kann der Moderator nicht allein lösen. Dies ist auch nicht seine Aufgabe. Schließlich soll
er die Gruppe dabei begleiten, ein inhaltlich ansprechendes Ergebnis zu
erarbeiten. Er kann aber bei Störungen, die die Zielerreichung verzögern
oder gar gefährden, die Teilnehmer darauf aufmerksam machen, wann
beispielsweise von der inhaltlichen Diskussion abgewichen wird (indem
immer wieder Verfahrensfragen oder -anträge gestellt werden) oder
wenn Beiträge nur noch von ein und demselben Teilnehmer kommen
und die anderen sich nur noch zu langweilen scheinen. Der Moderator

teilt der Gruppe mit, was er wahrnimmt. Für das weitere Vorgehen könnte er an die vereinbarten Spielregeln erinnern, neue anregen und mit der Gruppe vereinbaren, damit alle an den Inhalten weiterarbeiten können.

> Eine Regel, die sich in Situationen bewährt hat, in denen die Teilnehmer den Arbeitsprozess durch »Bohren in alten Wunden« und Schuldzuweisungen für Fehler in der Vergangenheit behindern, lautet: »Wir schauen nicht mehr darauf, was in der Vergangenheit wie und warum passiert ist, sondern wir blenden einmal bewusst die Vorgeschichte aus und arbeiten ausschließlich auf die Zukunft hin. Es gilt in den nächsten 60 Minuten also nur die Perspektive, wie wir unser Problem ... in den nächsten Wochen erfolgreich angehen werden.«

Darüber hinaus kann der Moderator der Gruppe alternative Vorschläge machen, wie mit einer gravierenden Störung umgegangen werden kann: Sie könnte angesprochen und formuliert, bei großem Interesse und Spielraum im Arbeitsprozess vielleicht sogar an Ort und Stelle angegangen werden. Ihre Behandlung könnte aber auch aus Gründen der Zeitknappheit und Zielerreichung von allen Beteiligten zurückgestellt und auf einen späteren Termin gelegt werden. Dabei hilft der Fragenspeicher, in dem Themen aufgenommen werden, die momentan nicht zur Zielerreichung beitragen (siehe Kapitel 7). Wichtig dabei ist, dass die Gruppe die Chance erhält, mit einer klaren Entscheidung ihre Arbeitsfähigkeit wieder selbst herzustellen. So kann der Moderator dazu beitragen, dass kleinere Störungen sofort aus der Welt geschafft werden, größere zumindest nicht mehr unmittelbar in den aktuellen Arbeitsprozess dazwischenfunken. Und sollte die Gruppe auf größere Probleme stoßen, kann er das Bewusstsein für die Notwendigkeit schärfen, sich damit demnächst zielgerichtet im Unternehmen mit den Beteiligten, vielleicht in einer moderierten Sitzung, zu beschäftigen.

⑥ **Der Moderator nimmt eine fragende Haltung ein.**

Der Moderator unterstützt den Prozess der Gruppe häufig mit Fragen. Er nimmt eine fragende Haltung ein. Er regt alle Teilnehmer an, sich für das Geschehen in der Gruppe zu interessieren und sich mit unterschiedlichen Meinungen und Anregungen auseinanderzusetzen.

Die fragende Haltung ist ein wesentliches Hilfsmittel für den Moderator, um beispielsweise

→ die Meinungsvielfalt in der Gruppe transparent zu machen,
→ den Gedankenaustausch zwischen den Anwesenden anzuregen und im Fluss zu halten,
→ sämtliche Teilnehmer am Arbeitsprozess zu beteiligen,
→ Zielklarheit herzustellen,
→ auf Zielabweichungen aufmerksam zu machen,
→ Störungen im Arbeitsprozess bewusst zu machen,
→ die Gruppe zu einer Entscheidung über das weitere Vorgehen zu bringen.

Dazu helfen ihm besonders die offenen Fragen, die so genannten »W-Fragen«. Sie beinhalten in der Regel keine gedanklichen Vorgaben für eine Antwort (inhaltliche Unparteilichkeit!) und erlauben es den Antwortenden, möglichst viele Informationen untereinander auszutauschen. Beispielsweise:

→ *»Wie müsste die Zielformulierung ergänzt oder verändert werden, damit wir in den nächsten zwei Stunden mit ihr arbeiten können?«*
→ *»Welche Vorschläge gibt es zur Reduzierung von …?«*
→ *»Welche Meinungen stehen noch im Raum?«*
→ *»Was sagen die anderen zu diesem Vorschlag?«*
→ *»Wie wollen Sie als Gruppe weiter verfahren, nachdem auf das erste Thema drei Viertel der geplanten Zeit verwandt wurde?«*

❼ **Der Moderator achtet darauf, dass er das Geschehen in der Gruppe mit einer gewissen Regelmäßigkeit in eigenen Worten wiederholt und zusammenfasst.**

Der Moderator teilt der Gruppe immer wieder mit, was nach seiner Wahrnehmung gerade geschieht oder in den letzten Minuten geschehen ist. Diese Rückmeldung gibt dem Arbeitsprozess Struktur, vermittelt den

Teilnehmern eine bessere Übersicht über das Geschehen und erleichtert/stärkt die Orientierung der Arbeit am Ziel beziehungsweise auf das Ziel hin. Wenn in einer angeregten Diskussion mehrere Meinungen geäußert werden, werden diese vom Moderator wiederholt. So hilft er allen Teilnehmern dabei, sich ein gemeinsames Bild über den Stand des Arbeitsprozesses zu machen. *»In den letzten fünf Minuten wurden von der Gruppe vier Gründe für die aufgetretenen Produktionsmängel genannt. Ich habe die Meinungen mitgeschrieben und möchte diese Gründe noch einmal darstellen. Erstens …, zweitens … Mit welchem Punkt wollen Sie sich in den restlichen zehn Minuten vor der Pause zuerst beschäftigen?«*

Der Moderator beschreibt also mit eigenen Worten und zusammenfassend das, was er wahrnimmt – beispielsweise die verschiedenen Meinungen, die vielfältigen Vorschläge zum Vorgehen, oder die kontroversen Standpunkte, über die – bisher vielleicht unstrukturiert – diskutiert wurde. Wichtig dabei ist, dass der Moderator nicht jede einzelne Teilnehmeräußerung »gleich an sich reißt« und sie wiederholt. Das wäre eher das Verhalten eines Leiters, der jede Bemerkung fest im Griff behalten will und das ganze Geschehen auf sich konzentriert. Vielmehr wartet der Moderator ab, bis die Gruppe mehrere (also etwa drei) verschiedene Überlegungen angestellt hat. Eine gelungene moderierte Gruppenarbeit zeichnet sich gerade dadurch aus, dass die Gruppenteilnehmer miteinander diskutieren, streiten, argumentieren und sich dabei auch »in die Augen schauen«. Sie sollen gerade nicht jede Äußerung mit Blick auf den Moderator machen, der dadurch nur in die Rolle eines »heimlichen« Diskussionsleiters gedrängt würde. Der Moderator greift dann ein, wenn zu viele Meinungen unstrukturiert im Raum stehen oder wenn zu viele Vorgehensvorschläge gemacht werden, die sich keiner merken kann.

Angemessenes Wiederholen bedeutet auch, dass der Moderator versucht, nur das wiederzugeben, was er wahrnimmt. Das trennt er deutlich von seinen persönlichen Wertungen, Ideen oder Kritikpunkten, die er für sich behält. Es geht also um den – in der Praxis nicht einfach einzulösenden – Versuch, so etwas wie eine »nicht bewertende« Rückmeldung zugeben.

»Wenn ich mir diesen Prozesskoffer für einen Moderator einmal in aller Ruhe anschaue, dann wird mir eines immer klarer: Die Moderationsmethode ist keine bloße Technik für das Sammeln von Informationen, das

Kleben von Punkten oder Karten oder das Notieren von Meinungen. Die Moderationsmethode ist eine ganz bestimmte Art, wie ein Gruppenbeglei- ter eine Arbeitsgruppe bei der Bearbeitung eines Themas unterstützt. Aber, und das ist mir jetzt deutlich geworden, er tut dies, ohne sich inhaltlich einzumischen. Er versucht, die ganze Kompetenz, die in so einer Gruppe häufig verborgen liegt, zu aktivieren. Er muss also eine Menge Vertrauen in die Leistungsfähigkeit einer Gruppe haben. Und wenn alles gut zusam- menkommt, werden alle die Vorteile erreicht, von denen schon die Rede war: Die Kompetenz aller wird genutzt, es wird hierarchiefrei, zielgerichtet und weitgehend störungsfrei inhaltlich, an der Sache gearbeitet. Qualität und Akzeptanz der Ergebnisse steigen.

Dabei beschäftigt mich jetzt ein grundsätzlicher Gedanke: Wenn ich bei- spielsweise unsere Meister-Ingenieur-Geschichte moderieren lasse, dann lege ich doch die volle inhaltliche Verantwortung für das Ergebnis dieser Sitzung in die Hände der Gruppe. Und die machen vielleicht etwas, was ich gar nicht will? Will ich das eigentlich?«

»Sie sprechen damit eine zentrale Voraussetzung für die Durchführung ei- ner moderierten Arbeitssitzung an. Wenn die gesamte Kreativität und Kompetenz aller Gruppenmitglieder für die Bearbeitung eines Themas ak- tiviert werden soll, dann sollte die Situation einigermaßen offen sein. Das heißt, dass die Gruppe wirklich die Möglichkeit haben muss, Ergebnisse eigenverantwortlich zu produzieren. Ergebnisse, an die vielleicht bisher noch keiner gedacht hat. Oder Ergebnisse, über die bisher noch keiner zu sprechen wagte. Es ist nicht sinnvoll, eine Sitzung einzuberufen, bei der das Ergebnis schon feststeht oder in der der Gestaltungsspielraum für die Gruppe verschwindend gering ist. Beispielsweise kann ein Geschäftsführer

durchaus eine Gruppe beauftragen, bei einem bestimmten Verfahren Einsparungen von mindestens 20 Prozent zu erarbeiten. Das ›Wie‹ und ›Wo‹ liegt dann im Ermessensspielraum der Gruppe. Aber selbst dort könnte der Auftraggeber noch vielfältige Rahmenbedingungen formulieren und Restriktionen festlegen. Nur: Irgendwann bleibt für die Gruppe nichts mehr übrig, was sie als Gruppe erarbeiten könnte. Und dann macht auch eine moderierte Arbeitssitzung keinen Sinn mehr. Wann dieser Punkt erreicht ist, das muss ein erfahrener Moderator erkennen können und im Vorgespräch mit dem Auftraggeber besprechen. Wir haben dazu im Kapitel 11 eine Übersicht erstellt, die beispielhaft den Zusammenhang zwischen Vor-Entscheidungen des Auftraggebers und Entscheidungsspielraum der Gruppe darstellt.

Und damit sind wir schon bei Ihrer Befürchtung ›Die Gruppe macht vielleicht etwas, was ich gar nicht will‹. Selbstverständlich bestimmen Sie für eine Gruppensitzung den Rahmen und gegebenenfalls auch das Ziel. Zum Beispiel, dass die Meister und Ingenieure im ersten Schritt die bestehenden Probleme nur identifizieren und beschreiben sollen. Wie mit diesem Ergebnis weiter verfahren wird, das entscheiden dann Sie. Aber Sie haben dann keinen Einfluss darauf, welche Probleme Ihnen die Arbeitsgruppe präsentieren wird. Das ist wahrscheinlich das wirklich Neue und auch Ungewohnte, das durch moderierte Arbeitssitzungen in die betriebliche Praxis Einzug hält. So können nämlich Mitarbeiter die Kompetenz entwickeln, zusammen mit anderen eigenverantwortlich anspruchsvolle Aufgaben zu bearbeiten oder wichtige Probleme zu lösen.«

Wichtige Verhaltensweisheiten für einen pfiffigen Moderator

→ Der Moderator stellt seine eigenen Ziele, Wertungen und Meinungen zurück. Er bewertet weder Meinungsäußerungen noch Verhaltensweisen. Es gibt für ihn inhaltlich kein Richtig oder Falsch. Er konkurriert nicht mit den Teilnehmern um Sachfragen.

→ Er nimmt alle Teilnehmer ernst, zeigt allen gegenüber die gleiche Wertschätzung, bevorzugt oder benachteiligt niemanden.

→ Er achtet darauf, dass alle ihre Meinungen, Ideen und Ansichten vertreten können.

➔ Er sorgt dafür, dass auch die Ruhigen und eher Schweigsamen Gelegenheit bekommen, am Arbeitsprozess aktiv teilzunehmen.

➔ Er hat ständig das Ziel der Sitzung oder einzelner Phasen im Auge und signalisiert der Gruppe Abweichungen vom Weg zur Zielerreichung.

➔ Er ermutigt die Gruppe, Regeln für einen fruchtbaren Umgang miteinander zu vereinbaren.

➔ Er versucht, der Gruppe das eigene Verhalten bewusst zu machen, sodass die Mitglieder mit Störungen und Konflikten angemessen umgehen können.

➔ Er nimmt eine fragende Haltung ein und keine behauptende. Durch Fragen öffnet und aktiviert er die Gruppe für den Gedankenaustausch untereinander.

➔ Er hört überwiegend zu und spricht selbst wenig. Er versucht, den Austausch und die Diskussion zwischen den Gruppenteilnehmern zu unterstützen. Aber: Nicht er steht im Mittelpunkt, sondern die Kompetenz der Teilnehmer, das Thema und das Ziel.

➔ Er wiederholt für die Teilnehmer das, was gerade an Äußerungen, Themen, Meinungen in der Gruppe existiert, immer dann, wenn er dadurch den Arbeitsprozess erleichtern, transparent machen oder vorantreiben kann.

Und worauf sollte der Moderator noch achten?

➔ Der Moderator bereitet sich intensiv auf die moderierte Arbeitssitzung vor (Kapitel 9).

➔ Der Moderator bietet für die gesamte Arbeitssitzung eine Struktur an, nach der von der Einleitung bis zum Abschluss gearbeitet werden kann (Kapitel 10).

➔ Der Moderator bietet konkrete Arbeitsschritte und dazugehörige Arbeitsverfahren an, mit denen beispielsweise Informationen gesammelt, sortiert, bewertet und zur weiteren Bearbeitung genutzt werden können (Kapitel 7).

➔ Er visualisiert, visualisiert, visualisiert (Kapitel 8).

6 MODERIEREN – NUR ETWAS FÜR WIRTSCHAFTSPROFIS ODER AUCH INTERESSANT FÜR STUDIERENDE? ←

»Ich sehe, Sie lesen da gerade ein Buch über das Moderieren. Erlauben Sie mir die Frage: Was habe ich eigentlich als Student davon, wenn ich mich mit der Moderationsmethode beschäftige?«

»Die Fähigkeit, Arbeitssitzungen von Gruppen zu moderieren gehört mittlerweile zu den Kern- oder Schlüsselkompetenzen, ohne die man im Beruf keine gute Figur mehr machen kann. Für Führungskräfte ist sie so unverzichtbar wie die Kompetenzen in Sachen Präsentieren, Kommunizieren, Teamfähigkeit oder der sichere Umgang mit den neuen Medien.«

»Moderieren so wichtig wie E-Mails schreiben?«

»Wenn Sie nach dem Studium ins Arbeitsleben eintreten, egal ob in einem großen oder kleinen Unternehmen, in einer öffentlichen Verwaltung oder sonstigen Organisation, dann werden Sie es mit Menschen zu tun haben. Und zunehmend mit Teams, Gruppen, die etwas erarbeiten, sich organisieren müssen und dabei geleitet oder moderiert werden. Das wird Ihnen bei der täglichen Routinearbeit begegnen und zudem in zeitlich begrenzten Projekten, an denen Sie beteiligt sind. Plötzlich müssen Sie im Team mitarbeiten, Ergebnisse zielgerichtet präsentieren, eine Besprechung leiten oder aber eine Arbeitsgruppe moderieren.

»Das ist ja schön und gut, aber es hört sich alles so nach BWL und Management und Unternehmen an. Wo bleiben da die anderen Studiengänge?«

»Ich würde da gar keine Unterschiede machen. Denn auch viele Natur- und Geisteswissenschaftler arbeiten später in Unternehmen. Und die von mir genannten Kernkompetenzen sind nicht nur in Unternehmen wichtig, sondern auch in öffentlichen Verwaltungen, Schulen, Vereinen, sozialen Organisationen und nicht zuletzt in der Forschung.«

»Okay. Das mag ja alles sein. Aber reicht es nicht, wenn ich das Moderieren dann lerne, wenn ich es brauche, nämlich im Job?«

»Eine ehrliche Antwort: Nein! Zum einen: Ein wesentliches Ziel der Studienreform war es, besser auf das Berufsleben vorzubereiten. Im Bologna-Jargon wird das ›employability‹ genannt. Durch die neuen Bachelor-Studiengänge sollen Studenten nicht nur Fachexperten werden, sondern schon während der Studienzeit wichtige ›Soft Skills‹ für die Praxis entwickeln,

die dort dann nicht erst mühsam antrainiert werden müssen. Wie immer das von Studium zu Studium und von Uni zu Uni unterschiedlich gut realisiert werden mag, Fakt ist, dass die Vermittlung von ›Soft Skills‹ oder Schlüsselkompetenzen Teil des Lernprogramms ist, beispielsweise durch fächerübergreifende Kurse und Trainings. Zum anderen setzen viele Hochschulen auf ›learning by doing‹, indem sie Präsentationen, Hausarbeiten und Fallstudien im Team erarbeiten lassen. Und dass Teams, die über entsprechende Kompetenzen verfügen, bessere Ergebnisse bringen, diese Erfahrung aus Unternehmen gilt zweifellos ebenso für die Uni. Ach ja, noch etwas: Studierende (egal welcher Fachrichtung) die im Praktikum zeigen, *dass sie präsentieren können, engagiert und kooperativ im Team mitarbeiten oder gar Sitzungen moderieren können, fallen positiv auf und empfehlen sich weiter.«*

»Und Sie selbst, Sie moderieren derartige Arbeitssitzungen?«

»Richtig. Ich bin als externe Beraterin in Organisationen, also auch Unternehmen tätig und werde häufig für die Moderation von Workshops eingesetzt.«

»Macht so etwas Spaß?«

»Auf jeden Fall. Aber vor allem ist es eine große Herausforderung, mit einer Gruppe ein Stück des Weges gemeinsam zurückzulegen und ein anspruchsvolles Ergebnis zu erarbeiten, das die Menschen und die Organisation weiterbringt. «

»Haben Sie da mal ein Beispiel?«

»Demnächst werde ich einen Workshop moderieren, in dem in einem kleinen Unternehmen Meister und Ingenieure Lösungen für interne Kommunikationsprobleme erarbeiten wollen.«

»Darf ich da mal zuschauen?«

»Das leider nicht, denn an dieser Sitzung nehmen nur die direkt Betroffenen teil. Aber in den Kapiteln 9 und 10 in diesem Buch bekommen Sie zumindest einen kleinen Eindruck davon, wie so etwas ablaufen kann.«

»Cool. Klingt spannend. Danke für Ihre Anregungen.«

»Und Ihnen alles Gute für Ihr weiteres Studium.«

HANDWERKSZEUG FÜR DIE PRAXIS: DIE MODERATIONS-VERFAHREN

7 DIE WICHTIGSTEN MODERATIONSVERFAHREN: IHR NUTZEN UND IHRE ANWENDUNG IN DER PRAXIS

In den vorherigen Kapiteln haben wir gelegentlich den Einsatz verschiedener Verfahren während einer moderierten Sitzung angesprochen – die Verfahren aus dem Werkzeugkoffer des Moderators. Welche dieser vielen Verfahren er auswählt und der Gruppe im Laufe des Arbeitsprozesses vorschlägt, hängt ab von Ziel, Thematik, Gruppengröße und von der zur Verfügung stehenden Zeit. Beispiele dafür finden sich in den Kapiteln 9 und 10.

Wir empfehlen, zu Beginn einer Moderationskarriere mit möglichst vielen Verfahren Erfahrungen zu sammeln, um ihre vielfältigen Stärken und Besonderheiten kennenzulernen.

Auf den folgenden Seiten wollen wir Verfahren vorstellen, die sich in der Praxis in vielen Sitzungen bewährt haben. Die Vorstellung folgt der Struktur:

→ Zweck des Verfahrens,
→ Vorgehensweise,
→ Besonderheiten, die bei der Anwendung zu beachten sind.

Zunächst zwei Übersichten, die beim Einsatz sämtlicher Verfahren helfen:

→ Die systematische Einführung in ein Moderationsverfahren: Diese Übersicht zeigt die einzelnen Schritte, die beim Einstieg in ein Verfahren unserer Erfahrung nach auf jeden Fall einzuhalten sind, damit das Arbeitsverfahren von allen Gruppenteilnehmern gleichermaßen verstanden und durchgeführt wird.
→ Die Formulierung von Arbeitsfragen: Diese Anregungen sollen helfen, die Arbeitsfragen zielgerichtet zu formulieren, denn diese entscheiden maßgeblich, in welche Richtung die Gruppe arbeitet und wie qualifiziert das Ergebnis ausfällt.

Die systematische Einführung in ein Moderationsverfahren

→ Begründen, warum ein bestimmtes Verfahren durchgeführt werden soll. 🗨
→ Ziel des Verfahrens vorstellen. ⬤
→ Ablauf des Verfahrens, die einzelnen Schritte und die besonderen Verfahrensregeln darstellen. 📋
→ Zeiten mit der Gruppe vereinbaren. 🕐
→ Die konkrete Arbeitsaufgabe stellen; die Arbeitsfrage visualisieren und vorlesen. 📋
→ Das Verständnis bei den Teilnehmern sichern. 💡
→ Das Einverständnis (die Akzeptanz) für das Verfahren bei den Teilnehmern sichern. ✍
→ Anfangen. START

Die Formulierung von Arbeitsfragen

Arbeitsfragen werden immer dann eingesetzt, wenn die Gruppe aktiv werden soll. Sie bilden die Aufforderung (beispielsweise)

→ zum Kartenschreiben: *»Was verstehen Sie unter ...?«*
→ zur Erstellung eines Meinungsbildes: *»Wie bewerte ich ...?«*;
→ zur Bildung einer Rangreihe: *»Welche Punkte möchte ich in der nächsten Stunde ...?«*;
→ zur Bewertung eines Vorschlags: *»Auf einer Skala von 1 bis 10 – wo sehe ich persönlich den Vorschlag ...?«*;
→ zur Eröffnung einer Diskussion: *»Wenn Sie sich nur einmal die hier skizzierten Anforderungen an das Projekt anschauen, wie sehen die Meinungen der einzelnen Gruppenmitglieder hier im Raum dazu aus?«*.

Arbeitsfragen, die sehr allgemein formuliert sind – »*Was fällt mir alles zum Thema Meister und Ingenieure ein?*« – können ein sehr großes Antwortspektrum erzeugen. Die Komplexität kann für die Zielerreichung in einem konkreten Arbeitsschritt zu groß und teilweise unbrauchbar sein.

Arbeitsfragen, die sehr spezifisch formuliert sind – »*An welche Probleme zwischen Meistern und Ingenieuren erinnere ich mich, wenn ich an das Vorbereitungstreffen für das Teilprojekt X am letzten Freitag denke?*« – erzeugen ein eher enges Antwortspektrum. Dieses Spektrum kann wiederum zu wenig neue und kreative Anregungen beinhalten. Es wäre dann zu mager für das, was mit dem anstehenden Arbeitsschritt von der Gruppe erreicht werden sollte.

Daraus folgt:

→ Arbeitsfragen sollten so sorgfältig wie möglich formuliert werden. Sie müssen genau in die Richtung zielen, die mit dem Arbeitsschritt erreicht werden soll.
→ Sie müssen eindeutig formuliert und für alle gleich verständlich sein. Es sollten Einzelfragen und keine Doppel- oder Dreifachfragen sein.
→ Aus unserer Erfahrung heraus sollten sie eher etwas enger als weiter formuliert werden. Es ist im Zweifelsfall einfacher, in einem zusätzlichen Arbeitsschritt die noch benötigte Komplexität hinzuzufügen als einmal erzeugte Komplexität unter Zeitdruck sinnvoll zu reduzieren.
→ Kluge Moderatoren schreiben sich die Arbeitsfragen auf und spielen sie im Kopf einmal aus der Perspektive der Teilnehmer durch: »*Welche Art von Antworten bekomme ich, wenn die Frage lautet ...?*«
→ Arbeitsfragen sollten offen formuliert werden, also W-Fragen sein: »*Was werden wir ...? Wie stellen wir sicher ...? Welche Mittel benötige ich ...?*«
→ Arbeitsfragen sollten die Perspektive der Gruppe/der Gruppenteilnehmer einnehmen: »*Was möchten wir ...? Was halte ich von ...?*«

Ein-Punkt-Abfrage

Zweck der Ein-Punkt-Abfrage

→ Einen ersten, eher »spielerischen« Kontakt mit dem Thema, den Teilnehmern untereinander und der Gruppe ermöglichen;
→ eine erste Problem- und Themenorientierung schaffen;
→ verborgene Interessen der Gruppe transparent machen;
→ Stimmungen in der Gruppe bewusst machen.

Dieses Verfahren eignet sich vor allem, wenn es darum geht, ein erstes, vielleicht noch grobes Bild der Stimmungen, Haltungen, Erwartungen, Meinungen oder Einschätzungen in einer Gruppe als Momentaufnahme zu erhalten. Das Ein-Punkt-Verfahren wird häufig zu Beginn oder am Ende von Gruppensitzungen eingesetzt.

Vorgehensweise

→ Der Moderator erklärt Zweck und Ziel dieses Arbeitsschrittes im Rahmen des gesamten Arbeitsprozesses und weist auf die Konsequenzen hin, die das Ergebnis für die weitere Arbeit in der Gruppe hat.
→ Die Arbeitsfrage und ein ein- oder zweidimensionales Antwortraster sind auf einer Pinnwand beziehungsweise einem Flipchart vorbereitet.
→ Die Dimensionen des Antwortrasters werden kurz erklärt, Teilnehmerfragen beantwortet.
→ Jeder Teilnehmer bekommt einen Klebepunkt mit der Bitte, ihn an die von ihm gewählte Stelle zu setzen.
→ Das entstandene »Bild« wird kurz besprochen.
→ Mögliche Fragen dazu sind:
  – *»Wie stellt sich das Ergebnis für Sie dar?«*
  – *»Wer möchte etwas zu seinem Punkt sagen?«*
  – *»Was drücken diese Punkte für Sie aus?«*
→ Die Antworten werden mitgeschrieben.
→ Der Moderator fragt nach Konsequenzen, die sich aus dem Bild beispielsweise für den nächsten Arbeitsschritt, die weitere Arbeit in der

Gruppe, die Arbeitsfähigkeit der Teilnehmer ergeben:»Ausgehend von Ihrem Bild, was müssen wir noch tun, um engagiert mit der Arbeit loslegen zu können?«

Dauer: 10–30 Minuten.

Besonders zu beachten

→ Eine Ein-Punkt-Abfrage ist keine»nette Aufwärmübung« zu Beginn einer Arbeitssitzung. Daher muss der Moderator sich vor dem Einsatz genau überlegen, mit welchem Ziel er Punkte kleben lässt und wie viel Zeit er für die Diskussion der Ergebnisse einsetzen möchte. Das Erstellen eines Stimmungsbildes muss Konsequenzen beispielsweise für den weiteren Arbeitsprozess haben. Die Intention,»nur einmal ein Stimmungsbild zu erstellen«, läuft Gefahr als»Psychoübung« verstanden und abgelehnt zu werden.

→ Das Punkten kann auch anonym erfolgen, indem beispielsweise die Pinnwand umgedreht wird oder indem die Antwortdimensionen skaliert sind, und die Teilnehmer ihre Position auf die Klebepunkte schreiben. Die Klebepunkte werden dann vom Moderator nach dem Einsammeln angeklebt.

→ Die Arbeitsfrage soll möglichst aktivierend, offen und in der Ich-Form formuliert werden.

→ Erst»punkten« lassen, wenn alle Teilnehmer einen Punkt bekommen haben.

→ Die Abfrage kann später wiederholt werden. Die Bilder werden dabei ergänzt – beispielsweise bei der Vorher-Nachher-Abfrage.

→ Wird auf einem zweidimensionalen Feld anonym gepunktet, schreiben die Teilnehmer zwei Zahlen auf den Punkt. Die erste Zahl bezieht sich auf die waagrechte, die zweite auf die senkrechte Achse, beispielsweise 4/3. Vorsicht bei 6/6 und 9/9. Besser: 6./6. und 9./9.!

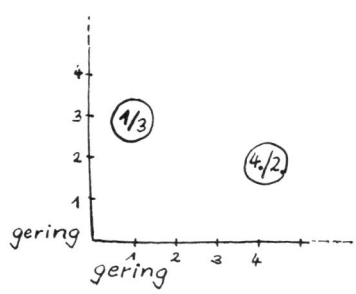

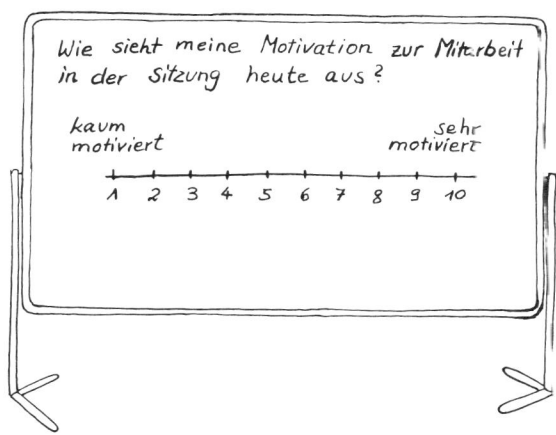

Mögliche Fragestellungen für eine Stimmungsabfrage mit der Ein-Punkt-Abfrage:

→ Stimmungsfragen zur Arbeitsfähigkeit in der konkreten Situation: *»Wie fühle ich mich heute Nachmittag zu Beginn dieser Arbeitssitzung?« »Wie sieht meine Motivation zur Mitarbeit in der Sitzung heute aus?« »Wie geht es mir dabei, wenn ich an das heute zu bearbeitende Thema denke?«*

→ Einstellungsfragen zur Thematik: *»Wie sehr interessiert mich das heute behandelte Thema?«, »Wie sehr bin ich an einer Veränderung von … interessiert?«*

Blitzlicht

Zweck des Blitzlichtes

→ Es sollen eine Momentaufnahme von persönlichen »Stimmungen« in der Gruppe erstellt und individuelle Bedürfnisse, Wünsche, Gefühle oder Gedanken transparent gemacht werden.

→ Das Blitzlicht ermöglicht den einzelnen Gruppenmitgliedern, ihre subjektive Befindlichkeit mitzuteilen und sich diese in Verbindung mit den Gefühlen und Stimmungen der anderen Teilnehmer bewusst zu machen.

→ Der Moderator kann sich durch das Blitzlicht ein Bild davon machen, wie es der Gruppe gerade geht. Dazu ist es wichtig, auch für die nicht (laut) gesagten Dinge sensibel zu sein. Das Blitzlicht eignet sich in der Praxis besonders dafür, das Geschehen auf der Beziehungsebene transparent zu machen.

→ Erfahrene Moderatoren setzen das Blitzlicht ein, wenn sie Spannungen oder latente Störungen wahrnehmen, die den zielgerichteten Arbeitsprozess massiv behindern können oder schon behindern und auf die sie bewusst mit der Gruppe zusammen eingehen wollen. In diesen Fällen sollte ausreichend Zeit für die Diskussion und mögliche Bearbeitung von Störungen reserviert werden.

Vorgehensweise

→ Der Moderator erklärt Zweck und Ziel des Blitzlichts zu dem von ihm gewählten Zeitpunkt im Arbeitsprozess, beispielsweise: *»Ich möchte Ihnen ein Blitzlicht anbieten, um …«*

→ Der Moderator (es können auch die Gruppenteilnehmer selbst sein) formuliert eine Frage, zu der die Teilnehmer aus ihrer persönlichen Sicht Stellung nehmen sollen.
Beispiele: »Wenn ich an die Art der Diskussion heute denke, was bewegt mich da jetzt besonders?« (am Abend nach dem ersten Arbeitstag)
»Wenn ich an die Ergebnisse denke, die wir bisher erzielt haben, was stellt mich da zufrieden und wo habe ich noch Magenschmerzen?«

→ Irgendein Gruppenmitglied beginnt mit seiner kurzen Aussage (Blitzlicht!) zur Frage, dann schließen sich die anderen der Reihe nach an. Wer im Moment nichts sagen möchte, teilt dies mit.

→ Es gibt während der Runde keine Stellungnahmen zu beziehungsweise Diskussionen über einzelne Aussagen.

→ Nach dem Blitzlicht muss keine inhaltliche Diskussion über das Gesagte erfolgen, es kann so »im Raum stehen bleiben«. Der Moderator fragt aber auch hier, wie bei der Ein-Punkt-Abfrage, nach möglichen Konsequenzen aus der Blitzlichtrunde für das weitere Vorgehen.

Dauer: 20–30 Minuten (mit Aussprache: etwa 60 Minuten).

Wichtig: Auch wenn der Moderator inhaltlich neutral bleibt, so ist er doch Teil des gesamten Gruppenprozesses. Richtet sich das Blitzlicht auf diesen Gruppenarbeitsprozess (zum Beispiel bei der Leitfrage »*Wie fühle ich mich heute zu Beginn des Arbeitstages?*«), so nimmt der Moderator daran teil. Er muss selbst entscheiden, wann sich die Fragen im Blitzlicht zu stark auf inhaltliche Aspekte der Arbeit beziehen. In diesen Fällen hält er sich zurück. In jedem Fall überwacht er aber die Einhaltung der vereinbarten Regeln.

Besonders zu beachten

→ Der Moderator achtet darauf, dass jeder nur über sich selbst spricht, über seine Erfahrungen und seine Wahrnehmungen (»Ich«-statt-»Man«-Regel).

→ Über die Äußerungen der einzelnen Teilnehmer wird während der Runde nicht diskutiert. Sie bleiben als persönliches »Blitzlicht« unkommentiert im Raum stehen.

Karten-Antwort-Verfahren und Gruppenbildung (Sortieren, Clustern oder Klumpen)

Zweck der Verfahren

→ Anonymes Sammeln und gemeinschaftliches Sortieren von: Themen, Meinungen/Haltungen, Erwartungen, Ideen/Vorschlägen, Lösungsansätzen.

Vorgehensweise

→ Der Moderator erläutert Zweck und Ziel des Verfahrens.
→ Der Moderator liest die visualisierte Arbeitsfrage vor.
→ Die Teilnehmer erhalten genügend Zeit, um ihre Antworten auf Karten zu schreiben.
→ Der Moderator sammelt die Karten ein und liest sie nacheinander kommentarlos vor.
→ Die Teilnehmer entscheiden, welche Karten zusammengehören. (Dies geschieht über Assoziationen.) Der Moderator sortiert diese und fügt sie zu Gruppen (auch »Klumpen« oder Cluster genannt) zusammen.

Alternative 1: Die gesamte Gruppe steht an der Pinnwand und fasst in einem ersten Schritt gemeinsam die Karten zu Gruppen zusammen. Noch offene Zuordnungen werden mit dem Moderator und allen Anwesenden im Plenum geklärt.
Alternative 2: Aus der Gruppe erklären sich zwei bis vier Teilnehmer bereit, sehr schnell eine erste grobe Gruppenbildung durchzuführen. Im zweiten Schritt versammelt sich die ganze Gruppe vor den Pinnwänden und klärt gemeinsam noch offene Zuordnungen.

→ Die gebildeten Cluster werden eingerahmt und können mit Überschriften versehen werden, die das Gemeinsame der Beiträge widerspiegeln.
→ Anschließend kann mit den Gruppen beziehungsweise Überschriften weitergearbeitet werden. Beispielsweise können sie gewichtet oder zu Arbeitsaufgaben umformuliert werden, die dann in Kleingruppen weiterbearbeitet werden.

Dauer: bis zu 60 Minuten (je nach Fragestellung und Vorgehen beim Clustern).

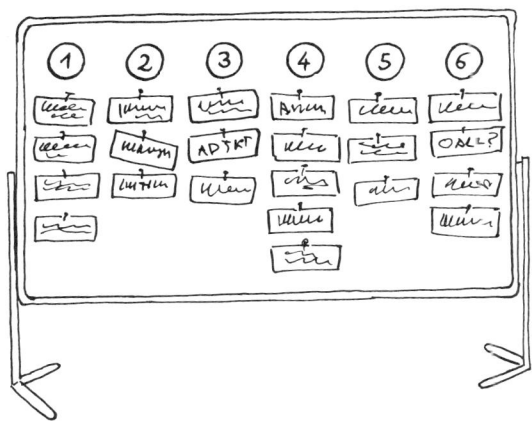

Besonders zu beachten

Beim Karten-Antwort-Verfahren
→ Die Arbeitsfrage muss eindeutig, für alle verständlich und so präzise wie möglich formuliert werden.
→ Die Arbeitsfrage muss visualisiert werden, damit sämtliche Gruppenmitglieder exakt denselben Arbeitsauftrag erhalten.
→ Die Anonymität der Kartenschreiber sollte nur freiwillig von diesen selbst aufgehoben werden.
→ Auf jeder Karte sollte nur eine Idee, ein Vorschlag stehen, damit die Karten zu Gruppen sortiert werden können.
→ Möglichst »selbst-verständlich« formulieren (Hauptwort mit Verb oder knappe Sätze).
→ Leserlich und für alle gut sichtbar schreiben.

Beim Clustern
→ Dem Sinn nach ähnliche Karten zusammenhängen.
→ Wenn eine Karte nach sorgfältigem Abwägen in zwei Gruppen gehören soll, können Karten gedoppelt, also kopiert werden.

→ Karten können eine Zeitlang »geparkt« werden, bis mehr Klarheit über die Art der Gruppen und damit die Zuordnung besteht.

→ Umordnen der Karten ist möglich.

→ Die genannten Zuordnungsvorschläge von den Teilnehmern begründen lassen.

→ Unklare Karten durch die Gruppe erklären lassen (oder durch den Kartenschreiber, wenn dieser dazu bereit ist).

→ Die Zuordnung im Konsens treffen.

→ Keine Karte wegwerfen. Auch ähnlich formulierte Karten zusammenstecken, sie können auf inhaltliche Schwerpunkte hinweisen. Außerdem ist es ein Zeichen von Wertschätzung den Gruppenteilnehmern gegenüber, dass jede Karte gleich behandelt wird.

→ Nachdem in einer Gruppe mehrere Karten hängen, können vorläufige Überschriften formuliert werden, um das weitere Zuordnen zu erleichtern.

Wenn nur wenig Zeit zur Verfügung steht oder wenn bei großen Gruppen mit einer sehr großen Anzahl von geschriebenen Karten gerechnet werden muss, kann es sinnvoll sein, die Zahl der einzusammelnden Karten zu begrenzen. Der Moderator bietet der Gruppe an, zunächst beliebig viele Karten zu schreiben, um dann vor dem Einsammeln die für die Einzelnen persönlich wichtigen – beispielsweise drei oder fünf – Karten auszuwählen. Ein solches Vorgehen muss aber mit der Gruppe abgesprochen werden, da sonst die Enttäuschung bei Einzelnen groß sein kann. Eine mögliche Alternative: Die Karten von Kleingruppen (zwei oder drei Teilnehmer) schreiben lassen.

Anonymität: Aus der Anonymität heraustreten und zu ihren eigenen Karten Stellung beziehen sollten Kartenschreiber nur freiwillig. Das Karten-Antwort-Verfahren gestattet es ausdrücklich, dass Kartenschreiber anonym bleiben. Dies ist besonders in Gruppen wichtig, die mit Vertretern unterschiedlicher Hierarchiestufen besetzt sind.

Vorsicht vor Komplexität: Mit diesem Verfahren gelingt es leicht, durch die Anzahl der Karten eine schier unübersehbare Komplexität auf den Pinnwänden zu erzeugen. Häufig bekommen die Cluster sehr allgemein gehaltene Überschriften, mit denen weitergearbeitet wird. Der Ideenreichtum in den Karten bleibt dabei auf der Strecke. Es ist Aufgabe eines erfahrenen Moderators, vorher zu überlegen, wie viel Komplexität entstehen und wie die Gruppe damit weiterarbeiten kann. Beispielsweise lassen sich Kartengruppen in einem gesonderten Arbeitsschritt so verdichten, dass die Ideenvielfalt größtenteils erhalten bleibt: »*Aus den Ideenkarten eines jeden Clusters formulieren Untergruppen eine übersichtliche Liste mit den darin enthaltenen Ideen! Mit diesen Listen wird dann weitergearbeitet.*« Als Frage stellt sich für den Moderator immer: »*Wie gehen wir im Verlauf der Gruppenarbeit mit den Inhalten der einzelnen Karten um? Wie lassen sich diese Inhalte weiterverarbeiten?*«

Aussagekräftige Überschriften: Vor allem bei moderationsungeübten Gruppen geschieht es häufig, dass als Überschriften lediglich Schlagworte genannt werden. Hier muss der Moderator um Konkretisierung bemüht sein. Ein günstiges Kriterium für diese Konkretisierungsarbeit: »*Wie können wir die Überschrift so formulieren, dass wir auch morgen noch das dazugehörige Spektrum eindeutig erkennen?*« Alternative: Als Überschrift nur komplette Aussagen oder Fragen zulassen. Vorsicht bei »Filmtiteln«, die bunt klingen, aber nach der nächsten Pause niemanden mehr daran erinnern, was damit eigentlich ausgedrückt werden soll.

Es geht beim Clustern um Leben oder Tod(?): Das könnte man manchmal meinen, wenn man die Verbissenheit beobachtet, mit der in vielen Gruppen um die »richtige« Zuordnung einzelner Karten zu Clustern gerungen wird. Das Ergebnis ist ein immenser Zeitaufwand für die Bildung der Kartencluster. Ist dieser Zeitaufwand in jedem Fall gerechtfertigt? »Ja«, wenn es beispielsweise in einem weiteren Arbeitsschritt darum gehen wird, für jedes einzelne Cluster Investitionsentscheidungen zu treffen. Dann ist äußerste Sorgfalt angesagt. »Nein«, wenn beispielsweise sämtliche geschriebenen Karten noch bearbeitet werden und es bei der Gruppenbildung lediglich darum geht, das Arbeitspaket übersichtlicher zu gestalten und so die Karten zu bestimmen, die noch heute bearbeitet werden, während die anderen am Folgetag an der Reihe sind. In diesem Fall sollte das Clustern vor allem schnell erfolgen. Der Moderator muss die Gruppe also auf die Bedeutung des Clusterns für den gesamten Arbeitsprozess auf dem Weg zur Zielerreichung hinweisen, in manchen Fällen einfach auch Mut zu nicht-perfekten Lösungen machen.

Zuruf-Antwort-Verfahren

Zweck des Zuruf-Antwort-Verfahrens:

→ Ein unsystematisches, spontanes Sammeln von
  – Themen,
  – Meinungen/Haltungen,
  – Erwartungen,
  – Ideen/Vorschlägen,
  – Lösungsansätzen,
  – Problemen.

→ Dieses Verfahren eignet sich immer dann, wenn
  – spontan beispielsweise erste Ideen zu neuen Arbeitsschritten
    formuliert werden sollen,
  – von den Teilnehmern gegenseitige Anregung gewünscht wird
    und
  – kein Bedarf an Anonymität besteht.

Vorgehensweise

→ Der Moderator erläutert Zweck und Ziel des Verfahrens und erklärt,
  was mit den gesammelten und aufgeschriebenen Inhalten im An-
  schluss an die Sammlung weiter geschieht.
→ Auf einem Flipchartbogen wird eine Arbeitsfrage visualisiert.
→ Die Teilnehmer rufen dem Moderator ihre Antworten zu.
→ Dieser oder – wenn vorhanden – ein zweiter Moderator schreibt die
  Beiträge möglichst wörtlich mit (auf Flipchart, Laptop, Folie, Tafel
  oder auf leere Karten an einer Pinnwand). Sehr umfangreiche Aussa-
  gen lässt er durch die Teilnehmer selbst zusammenfassen.
→ Es werden keine Beiträge vom Moderator verändert oder bewertet.

Dauer: 15–30 Minuten.

Besonders zu beachten

Auf eine präzise Frageformulierung achten. Fantasievolle und originelle Antworten sollten möglich sein. In Arbeitsgruppen, in denen noch kein spannungsfreies Arbeiten möglich scheint, sollte der Moderator prüfen, ob er das anonyme Karten-Antwort-Verfahren dem Zuruf-Antwort-Verfahren vorzieht. Wie auch beim Karten-Antwort-Verfahren muss sich der Moderator im Vorfeld überlegen, wie die Gruppe mit den Ergebnissen der Zurufsammlung weiterarbeiten kann (beispielsweise Sortieren der Beiträge, Gewichten, Kleingruppenarbeit).

Ist an eine differenzierte Weiterarbeit gedacht, sollten die Zurufe auf Kärtchen geschrieben werden, die an die Pinnwand geheftet wurden. Für einen ersten Meinungsüberblick reicht die Visualisierung auf dem Flipchart.

Das Zuruf-Antwort-Verfahren erfordert vom Moderator eine hohe Konzentration. Er muss schreiben, zuhören, gegebenenfalls mehrere gleichzeitig eingebrachte Nennungen wiederholen, im Kopf behalten, dabei mit den Teilnehmern Formulierungen absprechen, die das Gesagte in kurzer Form wiedergeben. So mancher Moderator rutscht dabei unfreiwillig in eine inhaltliche Beteiligung. Gleichzeitig sorgt das Verfahren häufig für einen lebendigen Meinungsaustausch zwischen den Teilnehmern, der während des Kartenschreibens verfahrensbedingt etwas zu kurz kommt.

Gewichtungsverfahren

Zweck des Gewichtungsverfahrens:

Mit dem Gewichtungsverfahren können alle Teilnehmer gleichberechtigt unterschiedliche Ideen oder mehrere Möglichkeiten bewerten. Dieses Verfahren erfolgt nonverbal. Es wird bei der Bewertung nicht gesprochen oder gar lautstark verhandelt.

Vorgehensweise bei der Bildung von Reihenfolgen

→ Der Moderator erläutert Zweck und Ziel des Verfahrens und erklärt, was mit der durch das Verfahren erstellten Rangliste weiter geschieht, welche Bedeutung also diese gewichtete Liste für den gesamten Arbeitsprozess hat.

→ Ein im Verlauf der Gruppenarbeit entstandener Themenspeicher (zum Beispiel durch das Karten- oder Zuruf-Antwort-Verfahren) wird noch einmal kurz vorgestellt.

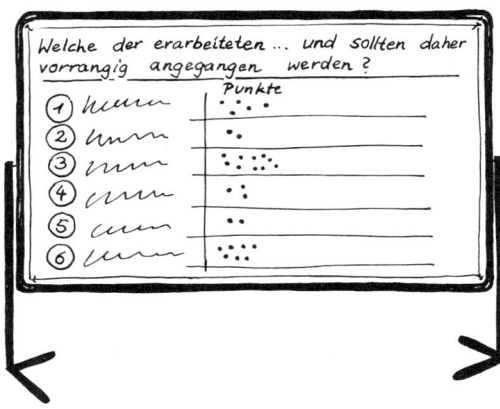

→ Der Moderator stellt die visualisierte Bewertungsfrage. Sie muss eindeutig formuliert sein, damit alle Teilnehmer nach demselben Kriterium bewerten. Die Konsequenzen aus der Gewichtung müssen allen offensichtlich sein.

→ Der Moderator stellt die Regeln für das Punkten vor. Wird anonym gepunktet, bittet er die Teilnehmer, die Zahl der vorher durchnummerierten Wahlmöglichkeiten auf die Klebepunkte zu schreiben.

→ Bei (etwa) vier oder mehr Auswahlmöglichkeiten sollte den Teilnehmern gestattet sein, mehrere Punkte auf ein Thema zu kleben (Faustregel: zwei bis maximal drei Punkte pro Wahlmöglichkeit). Damit können die einzelnen Teilnehmer auch die besondere Bedeutung dokumentieren, die sie bestimmten Themen beimessen. Auch diese Regel wird vom Moderator ausdrücklich vorgestellt.

→ Die Teilnehmer erhalten Klebepunkte. Faustregel: halb so viele Punkte wie Wahlmöglichkeiten plus eins (n/2+1).

→ Die Teilnehmer kleben ihre Wertungen an die dafür vorgesehene Stelle. Wird anonym gepunktet, sammelt der Moderator die Punkte ein, mischt sie und klebt sie an die Wand.

→ Die Reihenfolge der bewerteten Punkte, Themen oder Anregungen ergibt sich aus der Zahl der geklebten Punkte.

Vorgehensweise bei der Bewertung oder Auswahl von Alternativen

→ Für eine konkret und eindeutig formulierte Frage werden Gegensatzpaare und Alternativen gebildet.

→ Der Moderator visualisiert die Bewertungsfrage, nach der abgestimmt werden soll, sowie die Alternativen, die zur Entscheidung stehen.

→ Die Teilnehmer erhalten pro Wahlmöglichkeit einen Klebepunkt.

→ Wird anonym abgestimmt, werden die Wahlmöglichkeiten nummeriert. Die Teilnehmer schreiben ihre Wahl auf die Punkte.

→ Die Summen der vorgenommenen Gewichtungen entscheiden über die Alternativen. Sie geben aber auch eine Übersicht über das Meinungsspektrum in der Gruppe.

Für das weitere Vorgehen wünsche ich mir

Vorgesetzte bei Sitzungen anwesend ☐ ☐ *Vorgesetzte nur informiert*

Startworkshop mit allen Betroffenen ☐ ☐ *Startworkshop nur mit Vertretern der einzelnen Gruppen*

Besonderheiten beim Einsatz

→ Es wird jeweils nur eine Bewertungsfrage für die Gewichtung gestellt.
→ Der Moderator hält sich während des Punktens zurück, gibt keine Kommentare und beobachtet auch nicht, wer aus der Gruppe welche Alternativen gepunktet hat.

Die besondere Stärke des Gewichtungsverfahrens liegt bei der Bildung von Rangreihen. Sie erfolgt zügig, fair (wenn anonym) und findet in der Regel eine hohe Akzeptanz. Dies vor allem deshalb, weil die Verteilung von mehreren Klebepunkten die Teilnehmer zwingt, sich für Alternativen zu öffnen und nicht nur auf einen »Favoriten« festzulegen, dessen Abwahl auch schon einmal zu Enttäuschung und Ärger führen kann. Hat man seine Stimmen dagegen mehreren Kandidaten gegeben, ist die Wahrscheinlichkeit groß, dass man zumindest mit einem Punkt bei den »Gewinnern« ist.

Diskussion im Rahmen einer Moderation

Während der gesamten moderierten Arbeitssitzung diskutieren die Teilnehmer untereinander. Der Moderator unterstützt die Gruppenmitglieder dabei, achtet auf vereinbarte Regeln, macht auf Abweichungen vom Thema aufmerksam, auf mögliche Störungen, die die Arbeit zu blockieren drohen. Zusätzlich zu derartigen immer wieder auftretenden Diskussionen, kann auch für einen bestimmten Zeitraum – beispielsweise 30 Minuten – in der Gruppe gezielt eine bestimmte Fragestellung diskutiert werden. Eine solche moderierte Diskussion kann der Moderator der Gruppe als besonderen Arbeitsschritt anbieten.

Vorgehensweise

→ Der Moderator erläutert kurz Zweck und Ziel der Diskussion. Er macht deutlich, dass er die Ergebnisse visualisieren will und erklärt, was mit den gesammelten Ergebnissen weiter geschieht.
→ Der Moderator legt zusammen mit der Gruppe den Zeitrahmen für die Diskussion fest.
→ Der Moderator kann den Gruppenteilnehmern besondere Spielregeln für die Diskussion anbieten. Diese können sich beziehen auf
   – die Länge der einzelnen Beiträge,
   – die Art des Umgangs miteinander während der Diskussion (*»Ich lasse den Vorredner ausreden, bevor ich das Wort ergreife«*),
   – die Art der Argumentation (*»Bevor ich widerspreche, teile ich zuerst einmal mit, was ich vom anderen verstanden habe«*).
→ Der Moderator visualisiert das Thema oder die konkrete Fragestellung der Diskussion. Während der Diskussion kann er Zwischenergebnisse, Standpunkte oder offene Fragen mitschreiben
→ Der Moderator achtet darauf, dass die Diskussion beim eingangs beschlossenen Thema bleibt. Er teilt der Gruppe Abweichungen vom Thema mit.
→ Der Moderator versucht, durch Fragen alle Gruppenteilnehmer aktiv am Diskussionsprozess zu beteiligen.
→ Der Moderator beschließt die Diskussion, indem er die Ergebnisse zusammenfasst und vorstellt, wie mit ihnen weiter zu verfahren ist.

Der Moderator spiegelt der Gruppe Konflikte, die die gesamte Durchführung der Diskussion zu gefährden drohen. Das bedeutet nicht, dass er auf jeden Zwischenruf eingehen muss. In Diskussionen ist eine gewisse Spontaneität durchaus anregend für einen lebendigen und kreativen Verlauf. Erst wenn keiner mehr zuhört, alle durcheinanderreden und mehr Verbalinjurien als Inhalte geäußert werden, dann ist es Zeit für eine längere Kaffeepause.

Besonders zu beachten

Eine moderierte Diskussion lässt sich vereinfacht beschreiben als Diskussion, die moderiert wird. Und doch ist sie alles andere als alltäglich. Der Moderator muss sich bei dem manchmal sehr hektischen Hin und Her von alternativen, kontroversen oder chaotischen Argumenten extrem konzentrieren, darf den roten Faden der Diskussion und die Vielfalt der Meinungen nicht aus den Augen verlieren. Er muss zur richtigen Zeit, wenn beispielsweise die Zahl der verschiedenen Ansichten zu groß wird und keiner mehr »durchzublicken« droht, mit eigenen Worten wiederholen und zusammenfassen – möglichst mithilfe von Visualisierungen – und den Diskussionsprozess dadurch wieder übersichtlich gestalten. Und: Zu keiner Zeit der Diskussion verletzt er seine inhaltliche Unparteilichkeit oder personenbezogene Neutralität.

Kleingruppenarbeit

Zweck der Kleingruppenarbeit:

Während einer moderierten Arbeitssitzung kann eine intensive Problembearbeitung in Kleingruppen mit bis zu fünf Teilnehmern erfolgen. Damit werden die Effekte aufgehoben, die Großgruppen behindern können, und auch ruhigeren Teilnehmern bietet sich ein Forum, in dem sie leichter zu Wort kommen können.

Vorgehensweise:

→ Thema und Ziel der Kleingruppenarbeit werden vorgestellt und visualisiert.
→ Die Gruppenmitglieder entscheiden sich für die Mitarbeit in einer der Gruppen.
→ Die Teilfragen und vorbereiteten Bearbeitungsschritte, die einen groben Rahmen für die Behandlung des Themas und für die Präsentation der Ergebnisse bilden, werden vorgestellt.
→ Während der Gruppenarbeit sollten von den Gruppenmitgliedern präsentationsfähige Ergebnisse visualisiert werden.
→ Eine wichtige Regel: Gegensätze müssen nicht ausdiskutiert werden. Unterschiedliche Positionen werden festgehalten und als solche gekennzeichnet; beispielsweise mit einer ☝ oder einem ↯.
→ Die Ergebnisse der Gruppenarbeit werden anschließend im Plenum präsentiert.

Dauer für die Gruppenarbeit: 30–60 Minuten (je nach Arbeitsumfang).

Besonders zu beachten

→ Es können unterschiedliche Themen in verschiedenen Gruppen (arbeitsteilige Gruppenarbeit) oder einzelne Themen von mehreren Gruppen bearbeitet werden (konkurrierende Gruppenarbeit), auch Mischformen sind möglich.
→ Die Arbeitsfragen, nach denen die Themen bearbeitet werden, kön-

nen vom Moderator vorbereitet oder gemeinsam in der Gruppe vereinbart werden. Vorbereitete Arbeitsfragen und -schritte (»Kleingruppenszenarien«) helfen bei der Verständigung innerhalb der Gruppe und bei der Zusammenführung der Ergebnisse verschiedener Kleingruppen.

→ Die Gruppenbildung sollte nach Interesse an der Fragestellung erfolgen. Gruppenbildung nach dem Zufall verhindern die Identifikation mit dem zu bearbeitenden Problem. Interessieren sich mehr als fünf Gruppenmitglieder für ein Thema, so können entweder parallele Gruppen gebildet werden, oder einzelne Teilnehmer entscheiden sich freiwillig für eine andere Gruppe.

→ Der Moderator kann die Kleingruppen methodisch beraten, wenn diese das wünschen.

Kleingruppenszenario aus *unserem Beispiel* (s. Kapitel 10):

Fragestellung Nr. 1: ...

1. Welches Vorgehen ist für die Bearbeitung der Fragestellung denkbar?

2. Was können wir bei der Bearbeitung der Fragestellung leisten?

3. Was sollten die anderen bei der Bearbeitung tun?

4. Wo sehen wir die Aufgaben unseres Vorgesetzten bei der Bearbeitung?

Brainstorming

Zweck des Brainstormings

Im Brainstorming versucht eine Gruppe, für ein Problem möglichst viele kreative Lösungen zu finden. Diese wohl bekannteste Kreativitätstechnik folgt strengen Regeln, durch deren Befolgung das kreative Potenzial aller am Prozess Beteiligten optimal ausgenutzt werden soll. Ein Brainstorming fördert meist eine sehr große Zahl im freien Assoziationsprozess zwischen den Gruppenmitgliedern gefundene Lösungen, Anregungen und Ideen. Darin enthalten sind erfahrungsgemäß einige Erfolg versprechende Ansätze, die anschließend weiterbearbeitet werden können.

Vorgehensweise

→ Der Moderator erläutert Zweck und Ziel dieser Kreativitätsmethode. Er stellt zudem vor, wie im weiteren Verlauf der Sitzung mit den gesammelten Ideen gearbeitet werden soll.
→ Der Moderator nennt das als Frage formulierte Problem oder unterstützt die Gruppe bei der Formulierung der Frage.
→ Der Moderator erläutert Hintergründe und die besondere Zielsetzung des Verfahrens und stellt die vier zentralen Regeln vor:
  1. Masse geht vor Klasse.
  2. Es ist keine Kritik oder Bewertung der Nennungen erlaubt.
  3. Es gibt kein Copyright, alle Ergebnisse gehören der Gruppe, nicht einem Einzelnen.
  4. Jede Assoziation sollte genannt werden, »Spinnen« ist ausdrücklich erlaubt.
→ Für den »Ideensturm« kann ein Zeitrahmen vereinbart werden. Erfahrungsgemäß dauert die Sammlung zwischen 15 und 20 Minuten. Wichtig ist hier die Sensibilität des Moderators: Die erste »Ideenflaute« sollte noch überbrückt, spätestens bei der dritten sollte die Runde beendet werden.
→ Die Teilnehmer »produzieren« ihre Ideen entweder selbst geschrieben auf Karten oder auf Flipchart, Tafel, Folien.

→ Der Moderator liest die jeweils geschriebenen Ideen laut vor, damit sie den anderen Teilnehmern als Anregung für die Entwicklung eigener neuer Ideen dienen.

→ Kommt es zu längeren Pausen oder ersten »Ideenflauten« sollte der Moderator nochmals die Fragestellung vorlesen oder die bisher gesammelten Ideen wiederholen. Je nach Gruppe und Situation gilt: Stimmung machen ist erlaubt.

→ Der Moderator achtet darauf, dass die vier Regeln strikt eingehalten werden.

Dauer: 30 Minuten.

Besonders zu beachten

In der betrieblichen Praxis firmiert meist jede Form der Ideensammlung als Brainstorming. Die besondere Leistung dieser Methode – kreative Ideengenerierung durch das gegenseitige, auch einmal »verrückte« Anregen in der Gruppe – wird jedoch nur erreicht, wenn alle genannten Regeln wirklich eingehalten werden. Das gilt besonders für den Freiraum, in dem jede Art von Fantasieren erlaubt ist, und für das Verbot jeglicher Kritik während der Sammlung.

Manche Menschen fühlen sich durch das Nennen der Ideen anderer in der eigenen Kreativität behindert. Sie möchten lieber alleine arbeiten. Zeichnet sich dieser Wunsch in einer Gruppe bei mehreren Teilnehmern ab, kann der Moderator in zwei Phasen vorgehen: In der ersten Phase erarbeiten die Teilnehmer in Ruhe für sich so viele Ideen wie möglich. In einer zweiten Phase werden diese in den »Ring geworfen« und als Anregung für ein kreativ-wildes Stürmen nach weiteren Neuigkeiten genutzt.

Nach Beendigung der Sammlungsphase geht es darum, die große Masse an Ideen oder Vorschlägen weiterzubearbeiten beziehungsweise die »Goldkörner« unter den vielen Ideen herauszufiltern. Dies kann beispielsweise durch Clustern, Bewerten und Aussortieren einzelner Ideen oder durch Umformulieren erfolgen. Der Moderator muss auch beim Einsatz eines Brainstormings exakt überlegen, welche Schritte er der Gruppe für die weitere Arbeit anbietet.

Fragenspeicher

Zweck des Fragenspeichers

Fragen, aber auch Einwände sowie neue Themen und Ideen, die während des gesamten Arbeitsprozesses auftreten und in der Veranstaltung nicht beantwortet werden können, werden notiert und an einer extra dafür vorgesehenen Stelle (dem Fragenspeicher) »geparkt«. Damit bekommen manche Störungen in der Gruppe oder besondere Bedürfnisse Einzelner einen angemessenen Platz. Sie gehen nicht verloren oder werden gar »untergebuttert«. Die so gesammelten Themen und Fragen werden am Ende der Sitzung im Einzelnen besprochen und entschieden (als Maßnahme aufnehmen und weiterverfolgen oder abhaken).

Vorgehensweise

→ Hintergründe und Zweck eines Fragenspeichers werden vom Moderator zu Beginn der Arbeitssitzung eingeführt. Es wird in der Gruppe ein Zeitpunkt festgelegt, an dem der Speicher abgearbeitet wird.

→ Können bestimmte Fragen oder Probleme im Verlauf der Arbeitssitzung nicht geklärt werden, oder würde deren Behandlung den Arbeitsprozess oder den Zeitrahmen sprengen, bietet der Moderator an, sie als Fragen formuliert in den Speicher aufzunehmen. Der einzelne Teilnehmer oder die Gruppe helfen bei der Formulierung.

→ Bevor die moderierte Sitzung beendet wird, muss noch einmal auf die Fragen im Fragenspeicher eingegangen werden. Die Gruppe entscheidet dann, wie sie damit weiter umgehen will: »*Was hat sich im Verlauf der letzten Minuten oder Stunden erledigt, was kann jetzt schnell beantwortet werden, was muss auf den Maßnahmenplan und später bearbeitet werden?*«

Maßnahmenplan

Zweck des Maßnahmenplans

Die während der moderierten Sitzung erarbeiteten Ergebnisse oder vereinbarten Maßnahmen für »die Zeit danach« werden in eine konkrete und verbindliche Form gebracht, die die persönliche Verantwortung für einzelne Maßnahmen und die zeitliche Planung festlegt.

Vorgehensweise

→ Alles, was im Anschluss an die moderierte Sitzung gemacht werden soll, wird so konkret wie möglich beschrieben und für alle sichtbar in den Maßnahmenplan eingetragen.

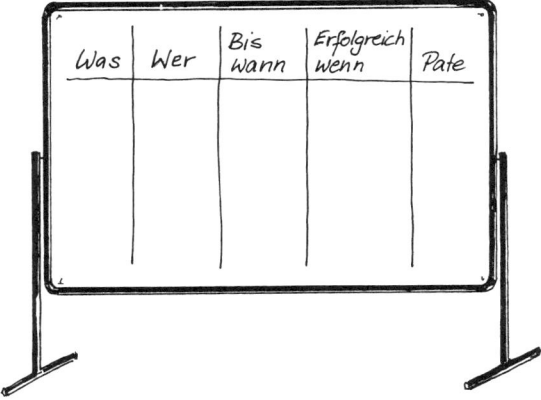

→ Es dürfen nur anwesende Personen als Verantwortliche benannt werden (»Wer?«-Spalte).
→ Der Zeitansatz für die Erledigung der Aufgabe muss realistisch sein. Hier erweist sich meist, ob die Maßnahme konkret genug beschrieben wurde (»Bis wann?«-Spalte).

→ Für die (Selbst-)Kontrolle und die Motivation zur Maßnahmenbearbeitung kann es sinnvoll sein, als zusätzliche Spalte eine Erfolgsoperationalisierung anzubieten: »Wodurch ist die erfolgreiche Erledigung der Maßnahme gekennzeichnet? Wie sieht das konkrete Ergebnis aus, nachdem die Maßnahme abgeschlossen ist?«

→ Einige Gruppen entschließen sich auch, das Umsetzen wichtiger Maßnahmen durch »Paten« begleiten zu lassen. Diese Paten sind nicht direkt am Umsetzen der Maßnahme beteiligt, erinnern aber den Verantwortlichen immer wieder an den Zeitplan, helfen bei auftretenden Schwierigkeiten oder bieten sich als Gesprächspartner an.

Besonders zu beachten

→ Immer wieder kommt es vor, dass Gruppenmitglieder in der »Schluss-Euphorie« einer erfolgreichen Arbeitssitzung mit großer Begeisterung umfangreiche Maßnahmenpläne erstellen. Jeder übernimmt gleich mehrere Aufgaben und verspricht »hoch und heilig«, alles pünktlich und perfekt zu erledigen. Die Gruppe trennt sich überglücklich, jeder eilt in sein Büro, hört die Mailbox ab, liest die ersten von 50 Mails aus dem »Alltag« jenseits des Workshops und – die übernommenen Aufgaben bleiben liegen … – Ein Maßnahmenplan kann nur dann seine Funktion erfüllen, wenn die Maßnahmen während der Formulierung gewissenhaft auf ihre Realisierbarkeit überprüft werden. Hier sollte der Moderator einer aufkeimenden Selbstüberschätzung in der Gruppe entgegenwirken.

→ Zu jeder Maßnahme müssen die dazugehörigen Spalten ausgefüllt werden. Findet sich für eine Maßnahme kein Verantwortlicher, so muss die Maßnahme gestrichen oder verändert werden.

Weitere Verfahren

Wir haben eingangs darauf hingewiesen, dass in einer moderierten Arbeitssitzung sämtliche Gruppenarbeitsverfahren für das Sammeln, Strukturieren, Bearbeiten oder Entscheiden von Themen eingesetzt werden können. Das Karten-Antwort-Verfahren mit dem Clustern, dem Bewerten und der moderierten Diskussion dürften die gebräuchlichsten sein. Darüber hinaus wurden in den letzten Jahren unzählige, mehr oder weniger komplexe und brauchbare Vorgehensweisen für Arbeitssitzungen entwickelt, mag es sich um so pfiffige Kreativitätstechniken handeln wie das »Imaginäre Brainstorming« und Edward de Bonos »Sechs-Hüte-Vorgehen« oder um komplexe Workshopformen wie die »Zukunftskonferenz«. Ob sich ein bestimmtes Verfahren oder Vorgehen für Ihre Arbeitssitzung eignet, liebe Leserin und lieber Leser, müssen Sie im Einzelfall prüfen. Wichtig für den Einsatz in einer moderierten Sitzung ist, dass der Moderator

→ das konkrete Verfahren für die Zielerreichung während eines konkreten Arbeitsabschnittes für geeignet hält,
→ dessen Zielsetzung, Besonderheiten und Verfahrensregeln vorstellt,
→ bei der Durchführung seine Rolle als Moderator konsequent einhält.

Die folgende Übersicht weist auf empfehlenswerte Quellen hin, in denen verschiedene Verfahren beschrieben werden, die in moderierten Gruppenarbeiten eingesetzt werden können.

Verfahren zum »Ankommen« in der Gruppe und zur Beziehungsgestaltung zwischen den Teilnehmern

→ Röschmann, Doris (2006): Hundertelf (111) mal Spaß am Abend.
→ Wallenwein, Gudrun F. (2003): Spiele: Der Punkt auf dem i.
→ Müller, Rudolf (2003): Mehr Bewegung ins Lernen bringen.
→ König, Stefan (2007): Warming-up in Seminar und Training. Übungen und Projekte zur Unterstützung von Lernprozessen. (45 praxisnah beschriebene Aufwärmübungen für Gruppen.)

→ Blenk, Detlev (2006): Inhalte auf den Punkt gebracht. 125 Kurzgeschichten für Seminare und Trainings. (Die Geschichten sind auch für Workshops geeignet.)

→ Weidenmann, Bernd (2008): Handbuch Active Training. Die besten Methoden für lebendige Seminare. (Über 100 Übungen und Spiele von ungefähr 30 Minuten Dauer, geeignet für Seminare und Workshops.)

Verfahren zur Ideenfindung und Kreativitätstechniken

Hierbei handelt es sich um Verfahren, mit denen Gruppen bewusst ihr kreatives Potenzial zielgerichtet aktivieren können, zum Beispiel die »6-3-5-Methode«, das »Imaginäre Brainstorming«, der »Morphologische Kasten«, die »Semantische Intention«, zu finden in:

→ Harmeier, Jens (2009): Originelle Kreativitätstechniken.

→ Boos, Evelyn (2006): Das große Buch der Kreativitätstechniken (inklusive Edward de Bonos »Sechs-Hüte-Vorgehen«).

→ Backerra, Hendrik/Malorny, Christian/Schwarz, Wolfgang (2007): Kreativitätstechniken. Kreative Prozesse anstoßen – Innovationen fördern.

→ Schlicksupp, Helmut (2008): Humor als Katalysator für Kreativität und Innovation.

Komplexe Verfahren zum Sammeln, Strukturieren oder Bewerten von Inhalten für Berater, Trainer, Coaches, Workshopmoderatoren

→ Buzan, Tony (2004): Das kleine Mind-Map-Buch: Die Denkhilfe, die Ihr Leben verändert (vom Erfinder der Mind-Map-Methode).

→ Brassard, Michael/Ritter, Diane (1996): Der Memory Jogger. (Dieses Büchlein im Hosentaschenformat enthält praxisnah aufbereitete Methoden wie das Fischgrätendiagramm oder das Pareto-Prinzip.)

→ Theden, Philipp/Colsman, Hubertus (2005): Qualitätstechniken. (Noch ein Büchlein für die Hosentasche mit Workshopmethoden für die Qualitätsarbeit in Unternehmen.)

→ Rohm, Armin (Hrsg.) (2008): Change-Tools: Erfahrene Prozessbera-
ter präsentieren wirksame Workshop-Interventionen. (38 von praxis-
erfahrenen Profis vorgestellte Methoden für Workshops, in denen
es um Veränderungen in Organisationen geht. Sinnvolles Hand-
werkzeug für den Methodenkoffer von Prozessberatern in Change-
Projekten.)

→ Röhrig, Peter (Hrsg.) (2009): Solution Tools. Die 60 besten sofort
einsetzbaren Workshop-Interventionen mit dem Solution Focus.
(Übungen und Methoden für lösungsorientierte Workshops, bei-
spielsweise für den Einstieg, das Eingrenzen von Problemen, das
Klären von Zielen, das Bewerten von bestehenden Ressourcen, die
Entwicklung von Visionen und Strategien oder die Vorbereitung des
Transfers in die Praxis. Auch für dieses Buch gilt: Eine sinnvolle Me-
thodensammlug für Berater und Workshopmoderatoren.)

→ Andler, Nicolai (2009): Tools für Projektmanagement, Workshops
und Consulting. Kompendium der wichtigsten Techniken und Methoden. (100 Tools für Projektmanager zu den Aufgaben: Kreativität,
Ideengenerierung und -bewertung, Informationssammlung und
-bewertung, Situationsanalyse und Problemdefinition, Zieldefini-
tion, Strategische und technische Analysen, IT-Analysen, Evaluation,
Entscheidungstechniken, Priorisierung, Projektmanagement und
-kontrolle.)

Computerunterstützte Vorgehensweisen

Die Technik bietet es an: die computergestützte beziehungsweise -unter-
stützte Moderation. So lässt sich das Karten-Antwort-Verfahren auch
über den PC organisieren. Das hat natürlich Konsequenzen: technischer
Art, aber auch, was den Ablauf und die Steuerung – »Moderation« – der-
artiger Prozesse angeht. Wer einen Einstieg in das sich rasant verändernde und weiterentwickelnde Themengebiet sucht, findet im Internet unter Suchbegriffen wie beispielsweise »elektronische Moderationsmethode« oder »e-moderation« Beschreibungen von Pilotprojekten und technischen Weiterentwicklungen.

8 NOTWENDIG UND HILFREICH: VISUALISIERUNGEN WÄHREND DER MODERATION

Erfolgreiche Moderationen schaffen sich oft ein besonderes Problem: Sie erzeugen in kurzer Zeit sehr viel Komplexität. Wenn alle Gruppenmitglieder sich aktiv am Arbeitsprozess beteiligen, dann entstehen sehr viele Meinungen, Ideen, Anregungen, kontroverse Standpunkte und Ergebnisse. Das engagierte Arbeiten vieler schafft viel Stoff. Damit davon in der Hektik des Arbeitens möglichst wenig untergeht und besonders Zwischen- und Endergebnisse nicht verloren gehen, damit aber auch alle Gruppenteilnehmer dieselben Inhalte vor Augen haben und so alle auf dem gleichen Stand sind und mit diesem gemeinsam weiterarbeiten können, darum wird in moderierten Sitzungen visualisiert.

Was wird visualisiert?

→ *Unbedingt:* Thema, Ziele der Sitzung, Ablauf und Zeitplan, Arbeitsfragen, Maßnahmen, alle Inhalte des Fragenspeichers, die zentralen Ergebnisse der Sitzung.

Abhängig von der Komplexität und Dynamik des Arbeitsprozesses wird auch Folgendes visualisiert:

→ Spielregeln;
→ Teil- und Zwischenergebnisse – dies gilt auch für die Kleingruppenarbeit;
→ offene Fragen, Konfliktpunkte;
→ Vorschläge, über die entschieden werden soll, besonders wenn es mehr als drei sind und das Bearbeiten im Kopf nur noch mühsam gelingt;
→ die Sammlung von Meinungen, Ideen, Standpunkten, Lösungsvorschlägen, die für das weitere Vorgehen von Bedeutung sind

→ sowie letztlich alles, was aus Sicht der Gruppe oder des Moderators schriftlich oder bildlich festgehalten werden muss, weil es die Zielerreichung und den Gruppenarbeitsprozess unterstützt.

Welche Medien werden eingesetzt?

Das Flipchart: Die visualisierten Informationen bekommen hohe plakative Wirkung, Filzstifte sind besonders kontraststark, die Grundfarben – gezielt eingesetzt – schaffen Bedeutungsvielfalt, die einzelnen Blätter können abgehängt und für alle während des gesamten Prozesses gut sichtbar aufgehängt werden. Die große Schrift kann leicht gelesen, abfotografiert und als Datei verschickt und weiterverarbeitet werden.

Die Pinnwand: Das unverzichtbare Medium einer moderierten Sitzung, flexibel einsetzbar, leicht beweglich und mit großer Arbeitsfläche auch übersichtlich für größere Gruppen nutzbar. Mehrere Pinnwände zusammengestellt bilden optimale Arbeitsflächen, auf denen komplexe Prozesse oder große Ideensammlungen gut erkennbar abgebildet werden können. Das schnelle Anpinnen und Strukturieren von Karten jeder Größe, Form und Farbe erleichtert das flexible Bearbeiten von Themen. Zusätzlich kann die Pinnwand auch als Flipchart genutzt werden.

Der Laptop (mit oder ohne Beamer) oder Overheadprojektor: Auf dem Laptop beziehungsweise auf Folien kann mitgeschrieben werden. Die Inhalte können anschließend leicht weiterverarbeitet werden. Ein Nachteil: Ist die erste Seite einmal vollgeschrieben und weicht der zweiten, verschwindet ihr Inhalt erst einmal vor den Augen der Teilnehmer und ist im weiteren Arbeitsprozess nicht präsent.
Unverzichtbar ist der Laptop mittlerweile, wenn es um die Präsentation komplexer Inhalte, Bilder, Zusammenhänge unter anderem zu Beginn oder während einer moderierten Arbeitssitzung geht.

Tafeln: Das Problem des »Verschwindens« von Informationen stellt sich auch beim Einsatz von Tafeln – unabhängig davon, ob es sich um die alte grüne Schultafel oder die modernen weißen »Whiteboards« handelt. (Ausnahme: Copyboards, die die beschriebenen Flächen gleichzeitig ko-

pieren.) Aber auch damit lässt sich visualisieren, der Moderator muss
nur sicherstellen, dass der Inhalt einer vollgeschriebenen Tafel konser-
viert wird, zum Beispiel durch das Fotografieren mit einer Digitalkamera. Und als Ersatz für die Pinnwand können die Karten auf der Tafel-
oberfläche mit etwas Kreppband befestigt werden.

Wie wird visualisiert? Die wichtigsten Grundregeln

Das einheitliche Layout

Damit die Teilnehmer jede Visualisierung auf einen Blick verstehen,
empfiehlt es sich, den Aufbau und die Funktionen von Farben, Formen
und Symbolen in allen Visualisierungen einheitlich zu verwenden: Beispielsweise werden alle Überschriften schwarz mit roter Unterstrei-
chung, alle Hervorhebungen erster Ordnung rot, zweiter Ordnung grün,
die Schrift schwarz oder blau.

Der einheitliche Einsatz von Formen und Farben gilt auch bei der
Verwendung der Karten für die Pinnwand. So können den verschiedenen Farben und Formen eindeutige Funktionen zugeordnet werden.
Beispielsweise können grüne Karten für das Notieren von Pro-Argu-
menten, rote dagegen für die Kontra-Argumente verwendet werden.

Die Überschrift

Jede Visualisierung braucht eine Überschrift, die knapp und schlag-
wortartig wiedergibt, was dargestellt werden soll. So können verschiedene Visualisierungen auf einen Blick unterschieden und der Inhalt der
einzelnen Plakate, Folien oder Bilder schnell identifiziert werden.

Die Schriftgestaltung

Die Schrift muss ohne Anstrengung für alle Teilnehmer an der Gruppensitzung zu lesen sein. Und beim Gestalten von Flipcharts während
der Vorbereitung oder dem Mitschreiben während der Arbeit: Es fallen

die Moderatoren, Consultants oder Berater außerordentlich positiv auf, die trotz Hektik einigermaßen leserlich schreiben, im Prozess die Stifte/Farben wechseln, um verschiedene Bedeutungen mit unterschiedlichen Farben zu kennzeichnen und so scheinbar nebenbei eine Flipchartseite produzieren, mit der alle in der Gruppe mühelos weiterarbeiten können.

Folgende Vorschläge verhelfen zu einer lesbaren Handschrift bei Visualisierungen:

»Nur kurz vorweg, bevor Sie meinen Chef treffen: Das mit der Schrift ist mühsam, das muss man wohl richtig üben. Aber etwas anderes in diesem Zusammenhang: Ich habe einmal an einem Workshop teilgenommen, bei dem der Leiter für die Überschriften fertige große Karten in Wolkenform hatte, mit rotem Rand. Einige meiner Leiterkollegen haben sich über die ›liebliche Art‹ lustig gemacht. Ich fand das aber recht gut.«

»Hm, die großen Wolkenkarten sind eine praktische Erfindung. Und manche Moderatoren grenzen ihre selbst gestalteten Überschriften auf den Flipcharts ja auch mit einer Wolke vom darunterstehenden Text ab. Wolken haben sich bei vielen Moderatoren als ›Überschriftensprache‹ etabliert. Ich erlebe aber auch, dass Mitarbeiter in Unternehmen mit den Wolken so etwas wie ein Psychoseminar und Selbsterfahrungsgruppe verbinden. Und das scheint sich bei Ihnen mit zielgerichteter inhaltlicher Arbeit nicht zu vertragen. Ich persönlich gestalte meine Überschriften ohne Wolken, aber in einer immer gleichen Art: Ich schreibe den Text mit einem schwarzen Stift und unterstreiche ihn mit einem flotten roten Strich, der mir mal mehr, mal weniger zufriedenstellend gelingt. Ungefähr so, wie Sie dies auf der vorherigen Seite beim Flipchart ›Tipps für eine lesbare Handschrift‹ sehen können.«

VON DER VORBEREITUNG ZUM ZIELGERICHTETEN ABLAUF EINER MODERIERTEN SITZUNG

9 DIE VORBEREITUNG EINER MODERATION

»Einen schönen guten Tag wünsche ich Ihnen, Frau … Sie sind mir von meiner Mitarbeiterin als kompetente und erfahrene Moderatorin empfohlen worden. Wir beabsichtigen, in etwa drei Wochen eine Arbeitssitzung mit unseren Meistern und Ingenieuren durchzuführen. Meine Mitarbeiterin hat Ihnen ja bereits von uns erzählt und davon, dass die letzte Sitzung eher unbefriedigend verlaufen ist. Vielleicht klappt es, wenn Sie als Firmenfremde die Sitzung begleiten. Ich nehme das Thema sehr ernst und habe – auch auf Anraten meiner Kollegin – für die Veranstaltung schon einmal sechs Stunden eingeplant, von 14 bis 20 Uhr. Der Teilnehmerkreis steht schon fest, es sollen insgesamt sieben Personen sein, vier Meister und drei Ingenieure. Ich selbst werde bei diesem Treffen nicht dabei sein, ich möchte da nichts beeinflussen. Sie hatten mich um dieses Gespräch heute gebeten. Was brauchen Sie noch, um sich vorbereiten zu können?«

»Ja, vielen Dank dafür, dass Sie sich Zeit genommen haben. Von Ihrer Mitarbeiterin habe ich einige Informationen über Ihre Firma sowie über Vorgeschichte und Hintergründe dieser Sitzung erhalten. Ich möchte mich

mit Ihnen vor allem über das konkrete Ziel der geplanten Arbeitssitzung unterhalten. Ich habe erfahren, dass Sie bestimmte Wünsche haben, was an diesem Tag geschehen und was nicht geschehen soll. Im Anschluss an unser Gespräch werde ich mir Gedanken über das genaue Vorgehen in der Sitzung machen. Ich werde mir also einen Ablaufplan überlegen, konkrete Verfahren für die Arbeit mit der Gruppe vorbereiten und wahrscheinlich auch über Spielregeln nachdenken. Und dann muss ich natürlich die Rahmenbedingungen klären, wie Ort und Technik. Sie Ihrerseits sollten möglichst bald eine Einladung verschicken, in der das Ziel formuliert, auf die externe Moderatorin hingewiesen und die Zeiten und Räumlichkeiten angegeben werden. Über den Text können wir uns in den nächsten Tagen per E-Mail und auch telefonisch verständigen. Und dann kann es losgehen.«

»Gut, reden wir über das Ziel der geplanten Sitzung. Meiner Ansicht nach gibt es seit einiger Zeit ein paar Probleme zwischen unseren Meistern und den Ingenieuren. Und bevor sich daraus irgendetwas Größeres entwickelt, möchte ich hören, wo es knirscht. Und ich möchte wissen, was man da machen kann, am besten von den Beteiligten selbst; also natürlich erste Schritte oder Maßnahmen. Die Veranstaltung hätte demnach zwei Ziele: Die Gruppe soll zum einen alle wichtigen offenen Fragen in der Zusammenarbeit zwischen Meistern und Ingenieuren zusammentragen. Als Ergebnis stelle ich mir dann eine Liste mit den heißen Themen in der Zusammenarbeit zwischen den Gruppen vor, am besten gleich als Aufgaben formuliert. Zum anderen, damit das nicht nur eine Jammer- und Meckerveranstaltung wird, sollen in der Gruppe erste kostenneutrale Lösungsvorschläge entwickelt werden, wie wir in dieser Geschichte weiter vorgehen können.«

»Was bedeutet für Sie kostenneutral?«

»Vorschläge, die nicht abseits der Wirklichkeit und möglichst kostengünstig zu realisieren sind. Die sollen einfach realistisch bleiben und nicht irgendwelche Fantasien ausleben.«

»Diese Spezifizierung würde bedeuten, dass die Gruppe ihre Vorschläge bereits auf die spätere Umsetzung hin durchrechnen oder sonstwie prüfen sollte. Was stellen Sie sich da vor und wie können die Beteiligten dies in dieser einen Sitzung leisten?«

»Ehrlich gesagt, so genaue Vorstellungen habe ich selbst noch nicht. Das mit dem ›kostenneuteral‹ ist wohl etwas vorschnell gedacht. Man müsste erst sehen, was da für Vorschläge kommen. Es scheint mir doch wenig sinnvoll, Lösungsvorschläge im Voraus einzuschränken. Die Mitarbeiter können in einigen Fällen vielleicht auch gar nicht beurteilen, was eine Umsetzung kosten wird. Wenn die Lösungen überhaupt mit größeren Investitionen verbunden sind. Ich merke, ich habe da so meine Befürchtungen, was an Ideen kommen könnte. Aber das muss ja gar nicht stimmen. Wahrscheinlich ist es wirklich besser, die Kollegen schlagen all das vor, was aus ihrer Sicht passend und notwendig ist. Wie ich unsere Mitarbeiter kenne, wird das sowieso nichts Utopisches sein. Das sind ja alles vernünftige Leute.«

»Ich verstehe Sie so, dass Sie der Gruppe zwei Ziele vorgeben wollen. Erstens: ›Sammeln und Ausformulieren aller wichtigen offenen Fragen in der Zusammenarbeit zwischen Meistern und Ingenieuren‹. Ergebnis ist dabei eine Liste der für die Gruppe wichtigen zukünftigen Aufgaben. Und zweitens: ›Entwicklung von ersten Maßnahmen, wie die erarbeiteten Aufgaben und offenen Fragen weiterbearbeitet werden können‹. Ergebnis dieses Schrittes werden dann konkrete Vorschläge oder Maßnahmen aus der Sicht der Arbeitsgruppe sein.«

Das Ziel der moderierten Sitzung

Jede Arbeitssitzung braucht ein klar formuliertes, allen bekanntes und für alle nachvollziehbares Ziel. Fehlt ein solches Ziel, handelt es sich nicht um eine Arbeitssitzung, sondern eher um eine lockere Freizeitveranstaltung – wogegen natürlich nichts einzuwenden ist, wenn dies von der Firmenleitung so gewollt wäre.

Dass im betrieblichen Alltag viele Sitzungen scheitern, unabhängig davon, ob sie geleitet oder moderiert werden, liegt häufig daran, dass

→ es überhaupt kein Ziel für die Sitzung oder einzelne Tagesordnungspunkte gibt,
→ das Ziel den Teilnehmern nicht ausreichend bekannt ist,
→ das Ziel nur ungenau oder nebulös formuliert wurde
→ das Ziel so unrealistisch formuliert wurde, dass man es in einer einzigen und zudem noch relativ kurzen Sitzung niemals erreichen kann.

In seiner Vorbereitung klärt der Moderator das Ziel für die Sitzung, die er moderieren soll. Dies geschieht in Vorgesprächen mit dem Auftraggeber oder – wenn irgend möglich – mit der Gruppe selbst. Im Mittelpunkt stehen dabei Fragen wie:

→ Was soll/will die Gruppe am Ende der Arbeitssitzung in Bezug auf das Thema der Sitzung erreicht haben?
→ Wenn die Gruppe nach Beendigung der Sitzung auseinandergeht, wie soll das Ergebnis aussehen, das bis dahin erreicht werden soll?

→ Als Bild gedacht: Wie wird das konkrete Produkt aussehen, das die Arbeitsgruppe am Ende der Sitzung erstellt hat und an den Auftraggeber abliefern möchte?

→ Angenommen, die Arbeitssitzung kommt zu einem für die Gruppe und/oder den Auftraggeber erfolgreichen Abschluss: Welche Art des Ergebnisses wird als Erfolg eingestuft?

Es geht dabei nicht um eine inhaltliche Vorwegnahme, sondern um die Art der Ergebnisse, die erzielt werden sollen. Sollen in der Sitzung beispielsweise

→ Informationen, Ideen, Vorschläge »nur« **gesammelt** und **geordnet** werden?

→ Sollen bestimmte Informationen, Gedanken oder Ideen schon in einer bestimmten Form **bearbeitet,** beispielsweise bewertet, verdichtet, zu Aufgaben umformuliert oder auf kurzfristige Umsetzbarkeit geprüft werden?

→ Sollen **Lösungsvorschläge, Maßnahmen, Vorgehensweisen entwickelt** werden oder

→ sollen in der Sitzung sogar schon konkrete **Entscheidungen gefällt** werden?

Vergleiche dazu auch die Anregungen zur Zielformulierung beim Leiten eines Meetings (s. S. 154 f.).

Wird das Ziel der Sitzung vom Auftraggeber der Moderation oder vom Veranstalter des Treffens vorgegeben – wie in unserem Beispiel –, bemüht sich der Moderator während der Vorgespräche um eine möglichst klare Zielformulierung. Er überlegt, wie realistisch die Zielerreichung in der für die Moderation vorgesehenen Zeit und mit den anwesenden Personen ist, und diskutiert offene Punkte mit dem Auftraggeber.

Dazu gehören auch Bedenken des Moderators, wenn der Auftraggeber (Teil-)Ziele verfolgt, für die eine moderierte Arbeitssitzung vielleicht nicht der richtige Ort ist. Wenn es beispielsweise um die Beschaffung von Informationen geht – »*Wir sollten auch herausfinden, wie viele Produktvarianten mit ähnlichen Leistungen schon exisitieren!*«, »*Die Gruppe soll mal überlegen, was es an Kaufkraft in den unterschiedlichen Ländern gibt!*« – stellt sich die Frage, ob das nicht schneller und ökonomischer außerhalb der Gruppensitzung von Einzelnen erledigt werden kann. Bei der Bewertung von Marktchancen sieht es schon wieder anders aus. Die Frage lautet also, ob für das Anliegen des Auftraggebers die »geballte Zusammenarbeit« von Einzelpersonen sinnvoll und nutzbringend ist (s. auch Kapitel 11, in dem es um Entscheidungskriterien für den Einsatz der Moderation geht).

Zu Beginn der Sitzung sorgt der Moderator dafür, dass allen Teilnehmern das Ziel oder die Ziele klar und verständlich sind. Vor Beginn der Sacharbeit sollte auf jeden Fall Einverständnis über das zu erreichende Ziel herrschen.

Es gibt aber auch die Möglichkeit, dass die Gruppe das Ziel ihrer Sitzung erst zu Beginn der Veranstaltung bestimmen und formulieren will. Dann wird der Moderator diesen Arbeitsschritt begleiten. Ergebnis sollte eine für alle akzeptierbare und verständlich formulierte Zielsetzung für den anschließenden Arbeitsprozess sein.

Die Teilnehmerinnen und Teilnehmer der moderierten Sitzung

Wie auch bei Präsentationen oder Verkaufs- und Beratungsgesprächen, besteht in der Moderation ein zentraler Vorbereitungsschritt in der Analyse der Zielgruppe. Wenn der Moderator weiß, mit wem er es zu tun hat, fällt es ihm aufgrund seiner Erfahrung leichter,

→ die für die Teilnehmer angemessenen Arbeitsschritte und Gruppenarbeits- beziehungsweise Moderationsverfahren auszuwählen,

→ für den Einstieg in den Arbeitsprozess erste hilfreiche Regeln für den Umgang miteinander zu formulieren,

→ eine angemessene Einführung in die gesamte Gruppensitzung zu formulieren, die offene Fragen bereits aufnimmt und möglichst beantwortet,

→ die Rahmenbedingungen der Veranstaltung passend zu planen und zu organisieren.

Fragen zur Teilnehmeranalyse

Wer sind die Teilnehmer der Sitzung?
→ Wie viele Personen werden an der Sitzung teilnehmen?
→ Wie heißen die einzelnen Teilnehmer?
→ Welche Funktion im Unternehmen haben sie?
→ Welche Stellung haben sie in der Hierarchie?
→ Welche Aufgaben bearbeiten sie zurzeit?
→ Welche Entscheidungskompetenz haben sie?
→ Wie sehen die Beziehungen der Teilnehmer zueinander aus?

Wie sehen die unterschiedlichen Interessen und die Einstellungen der Teilnehmer der Sitzung aus?
→ Welche Interessen vertreten sie?
→ Welche Einstellungen zum Thema herrschen vor?
→ Welche Erwartungen haben sie?
→ Welche Konflikte können auftreten?

Wie vertraut ist den Teilnehmern die Moderationsmethode?
→ Wie ist ihre Einstellung zur Moderationsmethode?
→ Wie viel Erfahrung aus moderierten Arbeitsgruppen bringen sie mit?

Die Planung des Vorgehens in der moderierten Sitzung

In unserem Beispiel kennt die Moderatorin Teile der Vorgeschichte und einige Hintergründe der zu moderierenden Sitzung. Sie hat vom Auftraggeber eine klare Zielstellung erhalten, weiß daher, dass in der sechsstündigen Veranstaltung zwei Ziele erreicht werden sollen. Darüber hinaus hat sie sich über die Teilnehmer informiert, möglicherweise kurz mit einzelnen Ingenieuren und Meistern gesprochen. So ist ihr beispielsweise bekannt, dass fast alle bisher noch keine Erfahrungen mit moderierten Besprechungen haben und dass einige etwas verunsichert darüber sind, an einer firmeninternen Besprechung mit externer »Leitung« teilnehmen zu müssen.

Ihr ist aber auch zu Ohren gekommen, dass das Thema alle interessiert und die Erwartung besteht, dass jetzt doch etwas geschehen soll.

Mit diesem Hintergrundwissen überlegt sich die Moderatorin einen groben Fahrplan für die sechs Stunden. Sie weiß natürlich, dass es in einer moderierten Sitzung stark von der Gruppe abhängt, wie zügig und effizient auf das Ziel hingearbeitet wird. Sie weiß ebenso, wie wichtig ein von ihr sorgfältig geplanter Einstieg in die Sitzung ist, um alle auf eine zielgerichtete und im Umgang miteinander zufriedenstellende Arbeit einzustimmen. Und aus ihrer Erfahrung weiß sie, dass sie umso flexibler auf die Interessen der Gruppe und die Entwicklungen während des Arbeitsprozesses reagieren kann, je genauer sie für einzelne Phasen der Sitzung konkrete Arbeitsverfahren vorbereitet hat.

Bei der Erarbeitung ihres Fahrplans hilft der Moderatorin ein umfang-
reicher Fragenkatalog. Dieser enthält das »Maximalprogramm« für eine
moderierte Arbeitssitzung. Auch wenn nicht jede dieser Fragen in einen
konkreten Arbeitsschritt münden wird, hilft das systematische Durcharbeiten dabei, wirklich nichts Wichtiges zu vergessen. Die Moderatorin
überlegt also, wie die konkrete Situation, ihr Auftrag, die Gruppe oder
die Rahmenbedingungen die Durchführung der einzelnen Punkte beeinflussen (s. auch die Checklisten ab S. 168 ff.).

Fragen zur Vorbereitung der Einleitung

→ Wie begrüße ich die Teilnehmer?
→ Wie stelle ich Anlass und Hintergrund der Sitzung dar? Wird dies
   vielleicht sogar der Auftraggeber tun? Wie bereite ich ihn dafür vor?
→ Wie erläutere ich den Teilnehmern die Besonderheiten einer moderierten Sitzung?
→ Wie erkläre ich den Teilnehmern die Besonderheiten meiner Rolle
   als (externe) Moderatorin?
→ Wie stelle ich das Ziel (oder die einzelnen Teilziele) der Sitzung
   dar?

oder
→ Wie unterstütze ich die Gruppe bei der Zielfindung und -formulie-
   rung?
→ Wie erfasse ich die Erwartungen der Teilnehmer an die moderierte
   Sitzung und wie gleiche ich sie mit dem Ziel der Veranstaltung ab?
→ Wie erfasse ich die Stimmungen in der Arbeitsgruppe und erreiche,
   dass mögliche Störungen vor dem Einstieg in die Arbeit geäußert,
   gegebenenfalls bearbeitet oder geparkt werden?
→ Welche Spielregeln für den Umgang miteinander möchte ich anbie-
   ten und mit der Gruppe vereinbaren?
→ Wie führe ich den Fragenspeicher als wichtiges Hilfsmittel für einen
   reibungslosen Arbeitsprozess ein?

→ Wie stelle ich den von mir gedachten Ablauf und den Zeitrahmen der
   gesamten Sitzung vor?
→ Wie viel Zeit will ich mir für die Einleitung insgesamt nehmen?

Fragen zur Vorbereitung des Hauptteils

→ Welche Arbeitsschritte biete ich der Gruppe zur Bearbeitung des ersten Teilziels an? (Beispielsweise: Ideen sammeln, dann ordnen, dann bewerten, dann ...)

→ Welche Moderationsverfahren schlage ich der Gruppe für die Bearbeitung der einzelnen Arbeitsschritte vor? (Beispielsweise für das Ideensammeln: das Karten-Antwort-Verfahren oder das Zuruf-Antwort-Verfahren oder ein Brainstorming oder ...)

→ Wie lauten die konkreten Arbeitsfragen für die einzelnen Arbeitsschritte, die ich anbieten werde?

→ Wie visualisiere ich Ziele, Spielregeln und Arbeitsfragen der verschiedenen Moderationsverfahren?

→ Wie organisiere ich die Ergebnissicherung der einzelnen Arbeitsschritte?

→ Wie viel Zeit benötigt die Gruppe erfahrungsgemäß für die einzelnen Schritte?

Fragen zur Gestaltung des Abschlusses der Sitzung

→ Wie gestalte ich den Aktionsplan/Maßnahmenplan für das weitere Vorgehen im Anschluss an die Sitzung?

→ Welche Methoden kann ich der Gruppe anbieten, damit vereinbarte Maßnahmen in der Praxis möglichst hohe Realisierungschancen haben und nicht schon nach wenigen Tagen wie Luftballons zerplatzen?

→ Mit welchem Verfahren und welcher Fragestellung biete ich der Gruppe eine mögliche Stimmungsabfrage nach Beendigung der inhaltlichen Arbeit an?

→ Wie gestalte ich den Abgleich der Erwartungen, die die Teilnehmer zu Beginn der Sitzung geäußert haben, mit den erzielten Ergebnissen?

→ Welche Fragestellung biete ich der Gruppe für die Rückmelderunde zur moderierten Sitzung und zu meiner Tätigkeit als Moderatorin an?

→ Wie verabschiede ich mich von der Gruppe?

→ Wie viel Zeit plane ich für den gesamten Abschluss der Sitzung ein?

Das Ergebnis dieses Vorbereitungsschrittes ist ein schriftlicher Fahrplan für die Durchführung der moderierten Arbeitssitzung. Neben den einzelnen Arbeitsschritten enthält er die geplanten Zeiten, Formulierungsvorschläge für die Arbeitsfragen, Hinweise für das Anfertigen von Visualisierungen sowie persönliche Regieanweisungen.

Für die Vorbereitung der einzelnen Schritte des Hauptteils hat sich in der Praxis folgendes Arbeitsblatt bewährt:

Vorbereitungsblatt für Moderationen   Blatt 1

Thema:

....

Wie lautet das konkrete Ziel für das Thema?

....

....

....

Welches Verfahren erscheint mir für das Thema am geeignetsten?
Mit welchen Arbeitsschritten soll die Gruppe das Thema bearbeiten?

....

....

....

Wie lauten die Arbeitsfragen, die ich zu Beginn eines jeden Arbeitsschrittes stellen möchte?

....

....

....

Geplanter Zeitbedarf:

....

....

Das Planen der Rahmenbedingungen

Der Ort, der Raum

Welcher Raum für die moderierte Sitzung infrage kommt, hängt ab von den Gegebenheiten vor Ort, den Kosten und den gewünschten technischen Möglichkeiten. Ob es für die regelmäßig wöchentlich durchgeführten ein- bis zweistündigen Routinebesprechungen ein abgelegenes, technisch perfekt ausgestattetes, edles Tagungshotel sein muss, darf bezweifelt werden. Trifft sich dagegen eine Gruppe zu einer moderierten, ein- bis zweitägigen Klausurtagung, dann bietet sich ein solcher Ort an. Dort kann, von der Alltagshektik ungestört, bis spät in die Nacht hinein gearbeitet werden.

Im Übrigen sollte der Raum folgende Bedingungen erfüllen:

→ ausreichende Größe – als Faustregel gilt: rund fünf bis sieben Quadratmeter pro Teilnehmer;
→ Möglichkeit zu ungestörtem Arbeiten, also beispielsweise keine Störungen durch Telefon (Verbannung aller Handys!), Kollegen, Kunden;
→ ausreichende Visualisierungsmöglichkeiten (Flipchart, Tafel, mehrere Pinnwände, Beamer und/oder Overheadprojektor).

Die Arbeitsmittel

Die Moderationsmethode erfordert (natürlich?) eine umfangreiche Ausrüstung, allgemein Moderationskoffer genannt, um für alle Pinn- und Klebe-Eventualitäten gewappnet zu sein. Mehrere Anbieter stellen zur Verfügung, was das Moderatorenherz begehrt. Beispielsweise die Oberschwäbischen Werkstätten für Behinderte in Sigmaringen oder die Firmen Neuland, Nitor, Ultradex, Franken und Printus. Die meisten von ihnen bieten auch elegante Moderationskoffer an, fertig gefüllt mit unterschiedlichen Karten, Stiften, Klebern und anderen Utensilien, alles in passenden Fächern und elegantem Outfit. Wem diese maßgefertigte Moderationskollektion zu teuer ist, der sollte sich mit Karten und Stiften nach seinen eigenen Bedürfnissen ausrüsten und gelegentlich einmal nach einem stabilen Fotokoffer aus dem Sonderangebot eines großen Warenhauses Ausschau halten. Und wenn es dann losgeht? Vor jedem Einsatz sollte geprüft werden, ob der Koffer noch vollständig ist, ob die Stifte noch schreiben, die Karten noch ausreichen …

Zur persönlichen Orientierung:
Die Grundausrüstung für eine Moderation

→ Verschiedenfarbige Pinnwandkarten oder Karteikarten als Rechtecke, Quadrate, große oder kleine Kreise, Ovale in ausreichender Menge;

→ Filzschreiber für Textformulierungen in unterschiedlichen Farben (mitteldick, zum Beispiel Edding Nr. 1 oder 500, Faber Castell, Neuland), pro Teilnehmer mindestens ein Stift, in den Farben Schwarz, Rot, Blau und Grün;

→ dicke Filzschreiber für Überschriften in Rot, Blau, Schwarz und Grün (zum Beispiel Edding 800);

→ Tesakreppband, um Plakate an den Wänden zu befestigen;

→ Klebematerial: Stifte, Roller oder einen ungiftigen und FCKW-freien Sprühkleber;

→ Pinnnadeln (am besten mehrere Schachteln);

→ Klebepunkte (zwei Farben reichen aus);

→ Schere;

→ Digitalkamera;

→ je nach technischer Ausstattung der Räume: Overheadfolien und Folienstifte, Laptop, Beamer.

Das Einladungsschreiben

Die Gruppenmitglieder sollten möglichst frühzeitig über die moderierte Arbeitssitzung informiert werden. Eine vollständige Einladung enthält:

→ Zeiten: Anfangszeit, Dauer;
→ Ort, Raum;
→ Hintergrund und Anlass;
→ Ziel und Teilziele;
→ Ablauf und Tagesordnung, soweit schon bekannt;
→ Beteiligte;
→ Durchführende, also kurze Nennung/Vorstellung von Moderatorin oder Moderator.

In unserem Beispiel könnte die Einladung folgendermaßen aussehen:

Köln, 11. November ...

Einladung zum Ingenieur-Meister-Treffen

Sehr geehrte ...

nachdem wir in einer ersten Sitzung am ... Vorüberlegungen über die Zusammenarbeit zwischen den verschiedenen Gruppen in unserer Firma angestellt haben, möchte ich Sie zu einer vertiefenden Behandlung des Themas einladen.

In der Sitzung sollen zwei Ziele verfolgt werden:

  Sammeln und Formulieren aller wichtigen offenen Fragen in der Zusammenarbeit zwischen Meistern und Ingenieuren.
  Entwicklung von ersten Maßnahmen, wie die gesammelten und formulierten offenen Fragen zwischen Meistern und Ingenieuren weiterbearbeitet werden können.

Die Veranstaltung findet statt am ... in Raum ... von Gebäude ... Beginn ist 14:00 Uhr, geplantes Ende 20:00 Uhr.

Die Veranstaltung wird moderiert von Frau ... von der *train* GmbH. Der genaue Ablauf der Sitzung wird zu Beginn von der Moderatorin erläutert.

Sollten Sie bis zum Beginn der Sitzung noch Fragen haben, wenden Sie sich bitte an mich oder direkt an die Moderatorin (Tel./E-Mail).

Ich wünsche Ihnen und der Gruppe eine intensive und erfolgreiche Arbeitssitzung.

Mit freundlichen Grüßen

10 DER ABLAUF EINER MODERIERTEN ARBEITSSITZUNG

In der Praxis lassen sich viele Möglichkeiten beobachten, eine moderierte Sitzung zu eröffnen, durchzuführen und zu beenden. Die meisten Moderatoren entwickeln im Laufe der Zeit ihre eigene Vorgehensweise, mit der sie erfolgreich arbeiten. Wir wollen Ihnen, liebe Leserinnen und Leser, ein sehr ausführliches Phasenmodell für den Einstieg, den Hauptteil und den Schlussteil einer moderierten Arbeitssitzung anbieten. Es soll als Vorlage für Ihre eigene Praxis dienen und es sollte auf jeden Fall situations- und gruppenabhängig gekürzt, verändert und angepasst werden.

In der folgenden Darstellung wird in die verschiedenen Moderations- beziehungsweise Gruppenarbeitsverfahren, wie zum Beispiel das Karten-Antwort-Verfahren, jeweils nur knapp eingeführt, um den Lesefluss nicht zu beeinträchtigen. Kennengelernt haben Sie die jeweiligen Verfahren schon im Kapitel 7.

Einleitungsteil

Übersicht über die einzelnen Schritte

→ Begrüßung, persönliche Vorstellung;
→ Anlass und Hintergrund der Gruppenarbeit/Sitzung;
→ Kurzdarstellung der Moderationsmethode und der Rolle des Moderators;
→ Bereitschaft der Gruppe abklären, sich auf die Moderationsmethode und die Person des Moderators einzulassen;
→ das zu Beginn der Sitzung vorliegende Ziel für die moderierte Sitzung vorstellen und mit der Gruppe abklären beziehungsweise das Ziel der Sitzung durch die Gruppe erarbeiten und formulieren lassen;
→ Stimmungen und Einstellungen der Teilnehmer abfragen;
→ Erwartungen der Teilnehmer an die Sitzung abfragen;
→ Regeln für den Umgang der Teilnehmer miteinander vereinbaren;
→ Fragenspeicher vorstellen;
→ Ablauf der Sitzung und Zeitrahmen klären.

Begrüßung und persönliche Vorstellung

Eine freundliche Begrüßung ist der erste Schritt zu einem offenen und konstruktiven Arbeitsklima. Ist der Moderator den Teilnehmern der Sitzung nicht bekannt, empfiehlt sich an dieser Stelle eine kurze persönliche Vorstellung.

Anlass und Hintergrund der Sitzung

Es kommt immer wieder vor, dass den Gruppenmitgliedern Anlass und Hintergrund der Veranstaltung teilweise unbekannt sind. Bevor sie sich aktiv auf einen Arbeitsprozess einlassen können, wollen sie aber wissen, warum die Sitzung einberufen wurde, was vorher geschehen ist und was in dieser Veranstaltung alles erreicht werden soll. Dieser Informationsteil kann vom Moderator, von geladenen Experten, Gruppenmitgliedern selbst oder vom Auftraggeber übernommen werden.

Kurzdarstellung der Moderationsmethode und
der Rolle des Moderators

Die meisten Menschen kennen die klassische Besprechungsleitung.
Wenig vertraut sind sie jedoch mit einem Vorgehen, in dem der Moderator sich inhaltlich unparteiisch und personenbezogen neutral verhält
und die Gruppe »lediglich« methodisch unterstützt. Fremd ist ihnen
ebenso ein Vorgehen, bei dem sie selbst die Verantwortung für die Inhalte tragen und sich dabei nicht hinter einem Leiter »verstecken« können.

Für Gruppen ohne Moderationserfahrung ist es daher notwendig,
sowohl die Methode als auch die Rollenaufteilung zwischen Moderator
und Gruppe zu erläutern. Damit können Irritationen während des Arbeitsprozesses vermieden werden. Diese Vorstellung kann je nach Ver-
trautheit mit der Moderation sowie der Länge der gesamten Arbeitssitzung sehr kurz – ein bis zwei Minuten – oder, wie in unserem Beispiel,
etwas ausführlicher erfolgen.

In *unserem Beispiel* hat die Moderatorin für die Teilnehmer einen
Text vorbereitet (Flipchart und Laptop).

Als Arbeitsgruppe sind Sie

→ verantwortlich für die Qualität des inhaltlichen Ergebnisses,
→ mitverantwortlich für die Zielverfolgung, das Einhalten der verein-
    barten Regeln und des vereinbarten Zeitplans.

Als Moderatorin

→ bin ich inhaltlich unparteiisch und personenbezogen neutral,
→ bin ich verantwortlich für das Angebot an Arbeitsverfahren und de-
    ren regelgerechte Durchführung,
→ mache ich Ihnen Vorschläge für Regeln, die den Umgang unterein-
    ander während der Arbeitssitzung unterstützen, und helfe Ihnen da-
    bei, derartige Regeln bei Bedarf selbst zu formulieren und zu verein-
    baren,
→ schlage ich Ihnen einen Zeitplan für Ihre Sitzung vor,

> ➔ unterstütze ich Sie bei der Zielverfolgung und weise Sie bei Abweichungen auf dem Weg zum Ziel darauf hin,
> ➔ teile ich Ihnen die Situationen mit, bei denen ich den Eindruck habe, dass Störungen die Zielerreichung gefährden. So können Sie entscheiden, wie Sie weiter fortfahren wollen. Dazu kann ich Ihnen auch Vorschläge machen.

Bereitschaft der Gruppe abklären, sich auf die Moderationsmethode und die Person des Moderators einzulassen

Gruppen, deren Mitglieder noch nie mit der Moderation in Berührung gekommen sind, entfachen an dieser Stelle in der Praxis gelegentlich Diskussionen über Sinn, Effizienz und Praxisangemessenheit eines solchen Vorgehens beziehungsweise dieser Rollenverteilung. Erfahrene Moderatoren nehmen sich an dieser Stelle Zeit und begründen Hintergründe und Chancen der Methode. Bei Unklarheiten bieten sie weitere Informationen an, beantworten offene Fragen und gehen auf mögliche Einwände und Befürchtungen ein. Gleichzeitig werben sie in der Gruppe dafür, sich auf diese Praxiserfahrung einfach einmal einzulassen. Sollten die Widerstände – was in der Regel jedoch zunehmend seltener vorkommt – gegen eine Moderation zu groß sein, kann sie nicht stattfinden. Der Moderator wird dann sein Angebot, die Gruppe zu begleiten, zurücknehmen.

Eine Moderation kann ebenfalls nicht gelingen, wenn – aus welchen Gründen auch immer – die Person des Moderators keine Akzeptanz bei den Teilnehmern findet. Daher klären Moderatoren – unabhängig von ihren Vorgesprächen während der Vorbereitung – zu Beginn der ersten Sitzung kurz mit der Gruppe ab, ob und welche möglichen Bedenken es gegen die Person des Moderators in der Gruppe gibt. Dies kann mit einer direkten Frage erfolgen: »*Wo sehen Sie Bedenken in unserer Zusammenarbeit?*« oder mit einer indirekten: »*Welche Informationen benötigen Sie noch über mich, bevor wir weitermachen?*« Auch hier geben Sie auf Nachfrage zusätzliche Informationen und beantworten anstehende Fragen.

In Gruppen mit Moderationserfahrung kann dieser Einleitungsteil kurz und knapp erfolgen: »*Mein Name ist … Zu meiner Person noch …*

Ich bin gebeten worden, die heutige Sitzung zu moderieren. Daher werde ich mich inhaltlich zurückhalten. Mein Hauptaugenmerk liegt darauf, dass Sie das Ziel in der vorgegebenen Zeit ... Was müssen wir noch klären, bevor ich Ihnen das Ziel und das Vorgehen für das heutige Treffen vorstellen darf?«

Zielvorstellung und Zielvereinbarung

Auch wenn den Teilnehmern das Ziel der Sitzung aus der Einladung bekannt sein sollte oder wenn es bei der Diskussion über Hintergrund und Anlass der Veranstaltung schon kurz thematisiert wurde, so ist es vor Beginn der eigentlichen inhaltlichen Arbeit unverzichtbar, über das genaue Ziel der Veranstaltung in der Gruppe Einvernehmen herzustellen. Dazu muss das Ziel schriftlich vorliegen (Flipchart, Pinnwand, Beamer). Der Moderator klärt dann mit den Teilnehmern, ob diese Zielstellung von allen verstanden wird und wo noch Fragen sind.

Für den Fall, dass ein vorgegebenes Ziel in der Gruppe nicht akzeptiert wird, kann prinzipiell eine Um- oder Neuformulierung vereinbart werden. Dabei muss vom Moderator thematisiert werden, unter welchen Bedingungen eine solche Zielveränderung überhaupt »in der Macht« der Gruppe liegt. In der Praxis kann ein von einem Auftraggeber vorgegebenes Ziel nicht beliebig verändert werden. Veränderungen, die im Sinne des Auftrags sind, können jedoch vorgenommen werden. Hier gilt es für den Moderator, die Gruppe eindringlich auf die Bedeutung und Folgen einer Zielveränderung hinzuweisen. Hat die Gruppe gegen das Ziel Bedenken, will es jedoch nicht verändern, sollte sie Klarheit darüber herstellen, wie mit dem vorgegebenen Ziel dennoch produktiv gearbeitet werden kann. Die Bedenken sollten im Fragenspeicher gesammelt werden.

Dieses Vorgehen mag auf den ersten Blick umständlich und sogar kleinlich erscheinen. Wir werben jedoch eindringlich dafür, die Zielbestimmung und -vereinbarung so sorgfältig wie möglich zu gestalten. Denn aus Erfahrung wissen wir, wie chaotisch und ergebnislos Sitzungen verlaufen können, in denen entweder das Ziel für alle Gruppenmitglieder nicht gleichermaßen verständlich war oder von einigen Teilnehmern nicht akzeptiert wurde.

Die endgültige Zielformulierung bleibt während des gesamten Arbeitsprozesses für alle sichtbar visualisiert. Damit kann der Moderator die Gruppe leicht wieder »einfangen«, wenn sie sich in Nebenthemen zu verlieren droht.

Unsere Ausführungen über die Zielvermittlung durch den Moderator machen noch einmal deutlich, wie wichtig es für einen Moderator ist, inhaltlich so weit fit zu sein, dass er die Auswirkungen von »Umformulierungsanregungen« der Teilnehmer blitzschnell abschätzen und entsprechend argumentieren kann.

Das Ziel erarbeitet die Gruppe

In den Fällen, in denen das Ziel einer Arbeitssitzung von der Gruppe selbst formuliert werden kann, wird der Moderator diesen Prozess unterstützen. Beispielsweise sammelt er erste Formulierungsvorschläge, die in der Gruppe diskutiert werden, indem er sie auf dem Flipchart mitschreibt. Die Gruppe verständigt sich auf eine abschließende Formulierung.

Das erarbeitete Ziel sollte drei Mindestanforderungen genügen:

→ **Visualisiert:** Es sollte von allen Gruppenteilnehmern gleichermaßen verstanden werden. Es muss also eindeutig formuliert und für alle sichtbar visualisiert werden.
→ **Machbar:** Es sollte in der zur Verfügung stehenden Zeit zu bearbeiten sein. Ziele wie »die grundlegende Neuausrichtung unseres Unternehmens« lassen sich in einer halbstündigen Sitzung nun einmal nicht erreichen.
→ **Akzeptiert:** Es sollte von allen Teilnehmern der Sitzung akzeptiert, zumindest jedoch nicht konterkariert werden. Es erschwert die Arbeit, wenn Personen in einer Gruppe mitarbeiten sollen, die an einer bestimmten Zielerreichung überhaupt nicht interessiert sind.

Stimmungen und Einstellungen der Teilnehmer abfragen

In *unserem Beispiel* weiß die Moderatorin von ihrem Auftraggeber, dass die erste Sitzung mit den Meistern und Ingenieuren relativ problematisch verlief. Sie vermutet, dass die Teilnehmer der heutigen Sitzung eher mit gemischten Gefühlen an die Arbeit gehen und vielleicht sogar mit Vorurteilen dem Treffen gegenüberstehen. Deshalb hat sie sich entschlossen, die Stimmungslage der Gruppe für alle transparent zu machen. Die Gruppe, aber auch die Moderatorin, soll einen Eindruck von der »Gefühlslandschaft« bekommen, in der sie die Arbeit beginnt. Dadurch lassen sich möglicherweise größere Störungen im Vorfeld bearbeiten sowie die Bereitschaft zur Mitarbeit verstärken. Diese Überlegungen teilt sie der Gruppe auch mit. Aus Erfahrung weiß sie, dass eine Stimmungsabfrage nur gelingt, wenn die Gruppe über den Hintergrund, den Sinn und die Ziele dieses Verfahrens genau informiert ist.

Als Methode wählt sie das »Ein-Punkt-Verfahren«. Die Teilnehmer haben die Möglichkeit, auf einem zweidimensionalen Feld einen Punkt zu kleben und damit Stellung zu zwei von der Moderatorin angebotenen Fragen zu beziehen. Das Punkten kann auch anonym erfolgen, dann haben die Achsen Skalierungen und die Teilnehmer schreiben auf die Klebepunkte zwei Zahlen (beispielsweise »2/8« für den linken Punkt auf unserer Abbildung). In diesem Fall sammelt die Moderatorin die Punkte ein und klebt sie auf die Wand.

Die Teilnehmer kleben ihre Punkte auf das vorbereitete Plakat. Das Ergebnis sieht folgendermaßen aus:

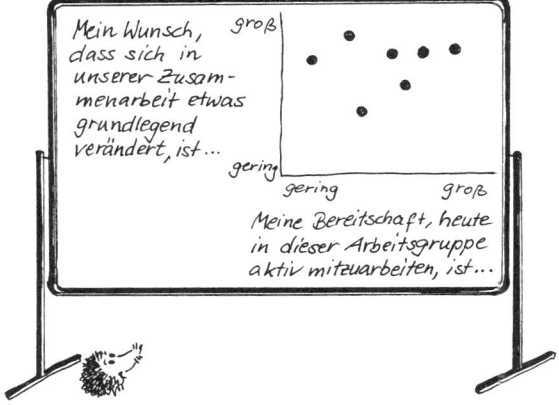

Die Moderatorin bittet die Teilnehmer um kurze Stellungnahmen zum Gesamtbild: *»Wie deuten Sie das Gesamtergebnis Ihrer Gruppe?«* In der Sammlung wird deutlich, dass es zum einen einen relativ eindeutigen »Leidensdruck« in Richtung Veränderungen gibt. Zum anderen wird die Bereitschaft zur Mitarbeit differenziert gesehen. Einige meinen, dass Veränderungen in dieser Firma sowieso nicht stattfinden würden, wieso sollte man sich also besonders engagieren. Andere dagegen sehen nach den Vorgesprächen mit dem Vorgesetzten und in der Einberufung dieses in ihren Augen aufwendig gestalteten Treffens ein positives Signal für Veränderungen und wollen die Chance auch nutzen. Nach einem kurzen Meinungsaustausch fragt die Moderatorin danach, was es im Anschluss an diese Diskussion noch zu besprechen oder zu regeln gibt, damit alle engagiert weiterarbeiten können: *»Was müssen wir jetzt noch klären, damit wir konstruktiv weiterarbeiten können?«* Erst dann kann mit der Gruppensitzung fortgefahren werden. Sieht die Gruppe aktuell keinen Handlungsbedarf, wird die Moderatorin mit dem nächsten Schritt weitermachen.

In vielen moderierten Sitzungen im betrieblichen Alltag unterbleibt eine Stimmungs- oder Einstellungsabfrage. Oft lässt eine knappe Zeitvorgabe für eine Sitzung, beispielsweise eine Stunde, kaum Raum für einen Prozess, der sich nicht auf die Minute genau planen lässt. Oft traut sich aber auch der Moderator nicht an Fragen heran, die Gefühle auslösen und richtig »Stimmung machen« könnten. Letztlich entscheidet der Moderator, ob er zu Beginn einer Sitzung eine Stimmungsabfrage machen möchte oder nicht.

Wir plädieren eindringlich dafür, dass bei einer Entscheidung für ein solches Vorgehen dieses Verfahren außerordentlich sorgfältig vorbereitet wird:

→ Sinn und Zweck des Arbeitsschrittes müssen überzeugend vorgestellt werden;

→ die Frage oder die Fragen an die Teilnehmer müssen genau überlegt und visualisiert werden;

→ das Punkten sollte möglichst anonym und zügig durchgeführt werden;

→ das Ergebnis sollte kurz von der Gruppe kommentiert, diskutiert und unbedingt auf Konsequenzen für das weitere Vorgehen in der Sitzung »abgeklopft« werden, beispielsweise: »*Was müssen wir jetzt noch klären, damit wir konstruktiv und engagiert weiterarbeiten können?*«. Je nach Stimmungslage kann dieser Schritt etwas mehr oder weniger Zeit in Anspruch nehmen. Das muss bei der Planung des Einstiegs bedacht werden.

Nur so entfaltet eine Stimmungsabfrage ihre Stärken: Gefühle und Einstellungen der Gruppenmitglieder dem inhaltlichen Thema gegenüber werden für alle Teilnehmer am Arbeitsprozess transparent. Denn in der Regel sind es diese Gefühle und Einstellungen, die die Behandlung der Inhalte massiv beeinflussen. Und diese inhaltliche Behandlung erfolgt in vielen Gruppen störungsfreier, wenn Klarheit darüber besteht, wie es den Einzelnen mit dem Thema, der Gruppe oder der Sitzung geht.

Als Alternative zur Ein-Punkt-Abfrage bietet sich für eine Stimmungsabfrage auch das Blitzlicht an (s. Kapitel 7).

Erwartungen der Teilnehmer abfragen

Die Teilnehmer einer Sitzung haben Erwartungen an das, was dort geschehen soll. Zwar hört man gelegentlich die Aussage: »*Ich habe keine Erwartungen, ich warte einmal ab, was kommt*«, aber auch das ist häufig nur eine Umschreibung der Erwartung, »*in den nächsten Minuten von den anderen oder der Leitung Interessantes geboten zu bekommen*«.

Transparente Erwartungen helfen den **Gruppenmitgliedern**,

→ zu verstehen, wofür sich die Einzelnen engagieren – dadurch kann ein offener Meinungsaustausch gefördert werden;
→ zu erkennen, wo es Überschneidungen mit den eigenen Erwartungen gibt: »*Ich bin in diesem Punkt nicht allein, es gibt andere, denen geht es genauso*«;
→ zu erkennen, wo es Minderheitenerwartungen gibt, mit denen sich die Gruppe beschäftigen sollte.

Für den **Moderator** ist die Kenntnis der Erwartungen deshalb wichtig, weil er

→ eine erste Vorstellung davon bekommt, wo die Konfliktlinien zwischen den einzelnen Teilnehmern des Arbeitsprozesses liegen,

→ die Verfahren, die er anbieten will, auf diese Erwartungen ausrichten und

→ auf eine mögliche Diskrepanz zwischen den Erwartungen der Teilnehmer und deren Realisierung in der Sitzung (beispielsweise wegen Zeitknappheit) aufmerksam machen kann.

Werden Erwartungen zu Beginn der Sitzung geäußert, wird der Moderator am Ende im Rahmen eines Erwartungsabgleiches darauf zurückkommen, um der Gruppe einen Eindruck über das Erreichte zu vermitteln beziehungsweise für offen gebliebene Erwartungen weitere Maßnahmen zu diskutieren.

Die Erwartungsabfrage kann mit verschiedenen Verfahren durchgeführt werden, beispielsweise mit dem Karten-Antwort-Verfahren oder dem dafür in der Praxis häufiger verwendeten Zuruf-Antwort-Verfahren (s. Kapitel 7).

Regeln für den Umgang der Teilnehmer miteinander vereinbaren

Regeln, die den Umgang der Gruppenmitglieder untereinander unterstützen, können zu Beginn einer Sitzung oder im Laufe der Arbeit formuliert und vereinbart werden.

In *unserem Beispiel* beschließt die Moderatorin, zu Beginn der Sitzung noch keine Regeln vorzugeben. Sie hat zwar eine Liste mit Vorschlägen vorbereitet, will aber erst im Arbeitsprozess entscheiden, ob sie die Gruppe darauf ansprechen wird. Der Grund dafür: Sie hat in ihrer Praxis gute Erfahrungen mit Regeln gemacht, die, ausgelöst durch konkrete Probleme während des Arbeitens (Vielredner lassen andere nicht zu Wort kommen, gegenseitig werden Meinungen nicht beachtet, immer wieder weichen Teilnehmer vom roten Faden ab, mehrere Anwesende beschäftigen sich mit Ihren Blackberrys und i-Geräten), von der Gruppe selbst formuliert und vereinbart wurden.

Fragenspeicher vorstellen

Die Moderatorin stellt den Teilnehmern kurz den Fragenspeicher vor: ein leeres Flipchart- oder Pinnwandblatt, auf dem als Überschrift »Fragenspeicher« steht. Sämtliche Fragen, aber auch Einwände und »Killerargumente«, die während des gesamten Arbeitsprozesses auftreten und nicht sofort beantwortet oder geklärt werden können, werden dort »geparkt«. Beispielsweise: »Wir können gar nicht weiterarbeiten, bevor wir nicht wissen, ob IT für diesen Prozess überhaupt Kapazitäten reserviert hat.« Für alle wird dann sichtbar aufgeschrieben: »Kapazitäten bei IT klären«.

In vielen Arbeitsgruppen hat die Moderatorin bisher die Erfahrung gemacht, dass sich mit diesem Hilfmittel sehr viele Störungen, Einwände, Hindernisse und »Nebenkriegsschauplätze« aus dem aktuellen Arbeitsfluss herausnehmen lassen. Die Anliegen der jeweiligen Teilnehmer werden ernst genommen, aufgeschrieben und am Ende der Sitzung aufgegriffen und sorgfältig bearbeitet. Damit hat sich der Fragenspeicher für die Moderatorin als das wirksamste Konfliktbearbeitungstool in ihrer Arbeit etabliert.

Ablauf der Sitzung und Zeitrahmen klären

Die Moderatorin stellt der Gruppe schließlich ihren Vorschlag für den Ablauf der inhaltlichen Arbeit vor, erläutert und begründet die einzelnen Teilschritte und den geschätzten Zeitaufwand für die Bearbeitung. Anschließend holt sie das Einverständnis der Gruppe für dieses Vorgehen ein: »*Ist dieses Vorgehen so okay für Sie?*« oder »*Welche Fragen haben Sie noch zum Vorgehen?*« – Gibt es Bedenken gegen einzelne Schritte oder Verfahren, begründet die Moderatorin noch einmal die Wahl ihres Vorschlags und wirbt darum, sich erst einmal auf das Vorgehen einzulassen. Sie ist aber auch in der Lage, alternative Vorgehensweisen anzubieten. Je erfahrener ein Moderator ist, desto mehr methodische Vorgehensweisen und Arbeitsverfahren kann er aus seinem Werkzeugkoffer anbieten.

In unserem Beispiel dauern sämtliche Einführungsschritte zusammen insgesamt etwa 45 Minuten.

Hauptteil

Im Hauptteil einer moderierten Gruppenarbeit erfolgt die eigentliche inhaltliche Bearbeitung des jeweiligen Themas. Die besondere Herausforderung für einen Moderator besteht zum einen darin, Arbeitsschritte und Arbeitsverfahren anzubieten, die einen lebendigen und auf das Ziel ausgerichteten Arbeitsverlauf ermöglichen. Zum anderen muss er in der Lage sein, konkrete Formulierungsvorschläge für Arbeitsfragen zu machen, die »auf den Punkt genau« die Handlungen anstoßen, die wirklich notwendig sind, um das anvisierte Ziel oder Teilziel zu erreichen.

In der Praxis kommt es vor, dass mithilfe einzelner Moderationsverfahren eine Menge an Informationen erzeugt wird, mit denen in kurzer Zeit nicht mehr sinnvoll gearbeitet werden kann. Beispiel: Zehn Teilnehmer schreiben jeweils zehn Karten zu drei Fragen, macht 300 Karten. Häufig stehen Informationen auch nur in lockerem Zusammenhang zum eingangs vereinbarten Ziel, zum Beispiel wenn die Arbeitsfrage für das Kartenschreiben zu unspezifisch formuliert wurde: »*Was fällt uns alles zum Thema ›Meister und Ingenieure‹ ein?*«

Der Moderator muss sich also in seiner Vorbereitung genau überlegen, welche Arbeitsschritte, welche Verfahren und vor allem welche Fragen in der zur Verfügung stehenden Zeit am besten zum Ziel führen. Weniger Komplexität ist oft sinnvoller als große »Kartenschlachten«.

Wir wollen eine Möglichkeit, den Hauptteil einer moderierten Sitzung zu gestalten, an *unserem Beispiel* illustrieren.

Die in *unserem Beispiel* gewählte Möglichkeit, den Hauptteil einer moderierten Sitzung zu strukturieren, sieht folgendermaßen aus:

→ Sammeln von Fragen oder Problemen.
→ Sortieren der gesammelten Informationen. Bilden von inhaltlich zusammenhängenden Informationsgruppen/Clustern.
→ Kleingruppenarbeit: Verdichten der in den Clustern enthaltenen Informationen.
→ Bilden einer Rangreihe aller verdichteten Formulierungen.
→ Plenumsdiskussion: strukturierte Ideensammlung zu ersten Umsetzungsschritten in der Praxis.

Für das erste Ziel: »Sammeln und Formulieren aller zurzeit offenen Fragen in der Zusammenarbeit zwischen Meistern und Ingenieuren« schlägt die Moderatorin zuerst das Karten-Antwort-Verfahren vor. Damit sollen Themen, Fragen oder Probleme gesammelt und anschließend zu inhaltsverwandten Gruppen, also Clustern zusammengefasst werden.

Die Moderatorin erläutert der Gruppe Ziel, Ablauf, Zeitansatz und Regeln dieses Verfahrens. Sie klärt offene Fragen zur Durchführung und liest die visualisierte Arbeitsfrage vor: »*Welche zurzeit offenen Fragen und Themen, die die Zusammenarbeit zwischen Meistern und Ingenieuren behindern, müssen aus meiner Sicht in unserer Firma bearbeitet werden?*«

Die Sitzungsteilnehmer erhalten Karten, auf denen sie ihre Antworten schreiben können. Die Moderatorin weist besonders darauf hin, dass die Antworten so verständlich wie möglich formuliert werden, damit jede Karte ohne Erläuterungen des Kartenschreibers von allen in der Gruppe verstanden und weiterverarbeitet werden kann. Sie weiß aus Erfahrung, dass die meisten Teilnehmer mit dieser Regel die größten Probleme haben. Häufig werden Karten geschrieben, deren genaue Bedeutung erst mühsam in der Gruppe diskutiert oder vom Schreiber mündlich erläutert werden muss.

Nach etwa zehn Minuten sammelt die Moderatorin alle geschriebenen Karten ein. Sie werden zu Clustern (gelegentlich auch »Gruppen« oder »Klumpen« genannt) zusammengefasst. Die Moderatorin erklärt vorher kurz, warum Cluster gebildet werden sollen und wie mit den Clustern weiterverfahren wird. So wird allen Teilnehmern deutlich, dass das Clustern »lediglich« ein Zwischenschritt ist, um mit der Kartenzahl übersichtlicher weiterarbeiten zu können.

Jetzt liest die Moderatorin die einzelnen Antworten vor und die Teilnehmer entscheiden gemeinsam, welche Karten zusammengehören. Jede neu vorgelesene Karte wird so einem der gebildeten Cluster an der Pinnwand zugeordnet oder bildet die erste Karte eines neuen Clusters. Auf diese Weise entstehen recht schnell verschiedene Themenbereiche zur Problematik Meister – Ingenieure.

Die Entscheidung über die Zuordnung der einzelnen Karten fällt die Gruppe. Die Moderatorin hält sich aus der inhaltlichen Diskussion völlig heraus. Sie gibt keine Entscheidungshilfen für das Zuordnen, äußert keine Interpretationen, wie sie persönlich den Inhalt einer Karte versteht. Sie wiederholt die unterschiedlichen Meinungen in der Gruppe, fasst Entscheidungen zusammen und stellt Fragen, die zur Klärung offener Punkte beitragen. Sie macht immer wieder deutlich, dass das Clustern lediglich einen Zwischenschritt auf dem Weg zur weiteren Bearbeitung der Karten darstellt, und treibt dabei die Gruppe auf wertschätzende, aber eindeutige Art zu einem möglichst zügigen Vorgehen an.

Für die Bildung der Cluster bekommt die Gruppe 20 Minuten Zeit. Bei komplexeren Fragestellungen und einem breiten Meinungsspektrum sowie engagierten Teilnehmern kann dieser Prozess auch gut doppelt oder dreimal so lange dauern. (Für eine schnellere Vorgehensmöglichkeit siehe dagegen Seite 66.)

Während der Zuordnung der Karten kommt es in der Gruppe häufig zu Diskussionen. Verschiedene Personen haben unterschiedliche Zuordnungsprinzipien, einzelne Teilnehmerfraktionen konkurrieren mit anderen. In dieser Phase achtet die Moderatorin besonders darauf, dass sie ihre inhaltliche Unparteilichkeit und personenbezogene Neutralität strikt einhält und sich nicht »vor den Karren« einzelner Meinungsmacher, Vorgesetzter, Mehrheiten oder auch Minderheiten »spannen« lässt.

Im Verlauf der Diskussion treten auch Fragen auf, die im aktuellen Arbeitsschritt keinen Platz haben. Beispielsweise die Frage danach, wie eine befreundete Zulieferfirma die Kommunikation zwischen Meistern und Ingenieuren geregelt hat. Eines der Gruppenmitglieder hatte gehört, dass »*die ähnliche Probleme hatten und sie super gelöst haben …*«

Da diese Frage im Augenblick nicht beantwortet werden kann und soll, schlägt die Moderatorin vor, sie im Fragenspeicher zu parken. Dazu wird die Frage aufgeschrieben und sichtbar an die Wand gehängt. Am Ende der Moderation soll entschieden werden, wie mit dem Punkt weiterverfahren wird.

Nachdem alle Karten zugeordnet wurden und auf diese Weise in *unserem Beispiel* sechs Cluster mit »offenen Fragen und Themen, die die Zusammenarbeit zwischen Meistern und Ingenieuren behindern« entstanden sind, schlägt die Moderatorin den nächsten Arbeitsschritt vor. Zu jedem Cluster soll mindestens eine konkrete Aufgabenstellung in Form einer Frage zur weiteren Bearbeitung des Themas formuliert werden, sodass der Inhalt möglichst aller Karten der jeweiligen Gruppe Berücksichtigung findet. Auf diese Weise sollen sämtliche Themen, die in den Clustern enthalten sind, als Aufgaben formuliert für die weitere Bearbeitung aufbereitet werden. So finden sich möglicherweise in einem Cluster unterschiedliche Karten, die auf diverse Probleme im Informationsverhalten der Meister und/oder der Ingenieure hinweisen:

→ Beispiel-Karten: »Ingenieure tagen heimlich und sagen nichts« oder »Meister geben Kundenreklamationen nicht weiter«
→ Aufgabenstellungen, die in dem Cluster stecken, könnten lauten: »Wie stellen wir in Zukunft sicher, dass die Ergebnisse aus den Ingenieurstreffen …?« oder »Wie schaffen wir es, dass nur die wichtigen Kundenreklamationen, die bei den Meistern A und B eintreffen, möglichst umgehend …?«

Zu einem anderen Cluster könnten Karten zum Einsatz der Werkstudenten bei dringenden und schwer planbaren Sonderfertigungsprojekten gehören.

→ Beispielkarte: »Ingenieur A bestimmt eigenmächtig über Einsatz von Studenten«.

→ Aufgabenstellungen für die Zukunft könnten dabei lauten: »Wer koordiniert bei Sonderfertigungsprojekten die Kapazitätsverteilung damit …?«

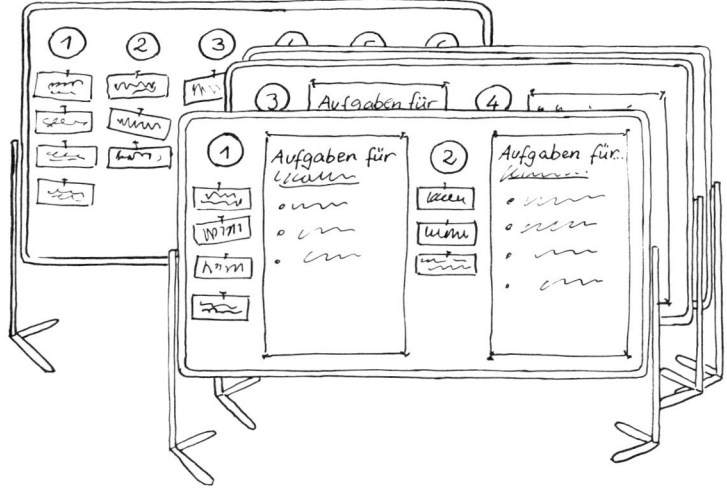

Da die Moderatorin aus Erfahrung weiß, dass diese Arbeit im Plenum selbst mit sieben Teilnehmern sehr zeitaufwendig ist, schlägt sie die Bildung von zwei Kleingruppen vor, gemischt aus Meistern und Ingenieuren. Jede Gruppe bekommt drei Kartengruppen und erarbeitet Formulierungsvorschläge, die sie dann im Plenum vorstellt und zusammen mit den anderen diskutiert. Ziel und Ablauf der Kleingruppenarbeit werden von der Moderatorin sorgfältig erklärt. Sie schlägt als Arbeitsauftrag vor: »*Formulieren Sie für jede Kartengruppe eine oder mehrere Aufgabenstellungen in Form von Fragen, sodass der Inhalt möglichst aller Karten der jeweiligen Gruppe Berücksichtigung findet*«.

Zur Unterstützung der Kleingruppenarbeit hat die Moderatorin ein Angebot an Hilfsregeln visualisiert:

→ Nicht auf einen – zeitraubenden – hundertprozentigen Konsens hinarbeiten, sondern die Meinungsvielfalt der Gruppe dokumentieren.
→ Momentan nicht lösbare Meinungsunterschiede als solche kennzeichnen.
→ Rollenverteilungen in der Gruppe klären: Wer koordiniert den Arbeitsprozess, wer schreibt mit, wer präsentiert später das Ergebnis?

Für die Kleingruppenarbeit bekommen die Gruppen 30 Minuten Zeit.

Vertreter aus den Kleingruppen stellen im Anschluss an die Sitzung die Formulierungen der Aufgaben vor und berichten über offene Diskussionspunkte. Die Gesamtgruppe diskutiert die Vorschläge, ergänzt sie und »verabschiedet« dabei jeweils eine von allen getragene Formulierung. Auf diese Weise entstehen *in unserem Beispiel* elf Aufgaben, formuliert als Fragen, die die zentralen »Knackpunkte« in der aktuellen Zusammenarbeit zwischen Meistern und Ingenieuren widerspiegeln.

Mit diesen vom Plenum verabschiedeten, ausformulierten Fragestellungen haben die Teilnehmer das erste Ziel ihres Arbeitstreffens erreicht, das »Sammeln und Formulieren aller zurzeit offenen Fragen in der Zusammenarbeit zwischen Meistern und Ingenieuren«.

Für die kurzen Präsentationen und die anschließende Diskussion hat die Moderatorin eine Stunde vorgesehen.

In der Gruppe wird über die unterschiedliche Bedeutung der einzelnen Aufgaben diskutiert. So kommt der Wunsch auf, die Ergebnisse nicht nur einfach untereinanderzuschreiben, sondern sie nach Wichtigkeit zu ordnen. »Wir sind ja hier quasi als Experten tätig. Unser Arbeitgeber kann dann aus der Reihenfolge unsere Empfehlung ablesen, was wir als wichtigste Punkte zuerst angehen würden«, so einer der Meister. Die Moderatorin bietet der Gruppe für diesen Schritt ein besonderes Arbeitsverfahren an, das Gewichtungsverfahren. Gleichzeitig macht sie darauf aufmerksam, dass dessen Durchführung rund 20 Minuten dauern würde. Die Gruppe beschließt, diese »Zeitinvestition« zu tätigen.

Die Moderatorin erläutert die Vorgehensweise und das Ziel des Gewichtungsverfahrens. Mit der Gruppe klärt sie, nach welchem Kriterium die Rangreihe erstellt werden soll. Die Gruppe beschließt, dass danach gewichtet werden soll, welche Aufgaben die Einzelnen als besonders dringend erachten. Die Reihenfolge kann vom Vorgesetzten als Empfehlung gelesen werden, welche Themen vorrangig weiterverfolgt werden sollten.

Die Moderatorin stellt die bisher erstellte Liste mit den verschiedenen Fragebereichen noch einmal vor. Für die Bewertung durch die Gruppenmitglieder hat sie die Bewertungsfrage visualisiert. Sie muss verständlich und eindeutig formuliert sein, damit allen das Kriterium, nach dem bewertet werden soll, gleichermaßen klar ist. Die aktuelle Bewertungsfrage lautet: »Welche der erarbeiteten Fragestellungen behindern aus meiner Sicht die Zusammenarbeit zwischen Meistern und Ingenieuren zurzeit am meisten und sollten daher vorrangig angegangen werden?«

Jeder Teilnehmer erhält sechs Klebepunkte und klebt diese in eine Spalte neben die seines Erachtens wichtigen Formulierungen. Die Moderatorin schlägt vor, dass höchstens drei Punkte auf eine Wahlmöglichkeit gehäufelt werden können. Auf diese Weise können die Teilnehmer Fragestellungen hervorheben, die für sie besonders wichtig sind. Nach dem Kleben zählen die Teilnehmer die Punkte aus und bilden so eine Rangfolge.

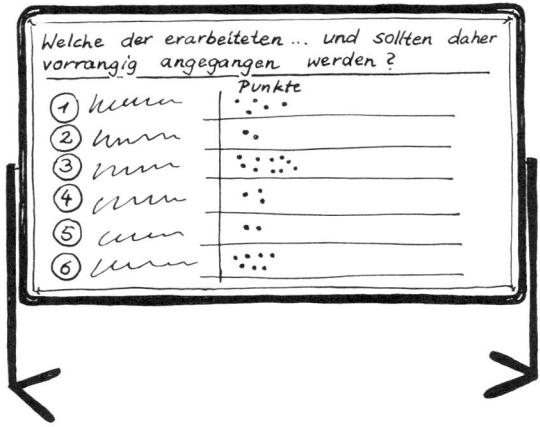

Sollte sich die Moderatorin dafür entscheiden, die Bildung der Rangrei-he anonym zu gestalten, könnte sie die einzelnen Themen durchnum-merieren und die Teilnehmer bitten, auf die Punkte die Nummer ihrer Wahl zu schreiben. Die Punkte werden eingesammelt und von der Mo-deratorin und helfenden Gruppenmitgliedern aufgeklebt. So wird bei-spielsweise vermieden, dass in einer konfliktreichen Situation ein Teil-nehmer wartet, bis alle anderen ihre Punkte geklebt haben, um dann mit seiner Wahl möglicherweise als »Zünglein an der Waage« das Ergebnis in seine Richtung zu beeinflussen.

Insgesamt hat die Gruppe im Einleitungsteil bisher rund dreieinhalb Stunden gearbeitet. Sie beschließt eine zwanzigminütige Pause.

Das nächste Ziel der Sitzung besteht in der »Entwicklung von ersten Umsetzungsideen darüber, wie die erarbeiteten Aufgaben und offenen Fragen weiterbearbeitet werden können«.

Dafür lassen sich verschiedene Vorgehensweisen denken. Während ihrer Vorbereitung hatte die Moderatorin auch für diesen Schritt zu-nächst an eine Gruppenarbeit gedacht.

Erste Alternative

Zwei Kleingruppen, diesmal eine reine Ingenieur- und eine reine Meis-tergruppe, bearbeiten jeweils einige der besonders hoch gewichteten Aufgaben anhand von vier Arbeitsfragen:

1. Welches Vorgehen ist für die schrittweise Bearbeitung der jeweiligen Aufgabe denkbar?
2. Was können wir als Meister (beziehungsweise als Ingenieure) bei der weiteren Bearbeitung der Aufgabe leisten?
3. Was sollten die anderen, die Ingenieure (beziehungsweise die Meis-ter), bei der weiteren Bearbeitung der Aufgabe tun?
4. Wo sehen wir die Leistungen unseres Vorgesetzten bei der Bearbei-tung der Aufgabe?

Für jede zu bearbeitende Aufgabe wird eine Pinnwand ausgefüllt. Die Ergebnisse ergeben – im Plenum zusammengeführt – einen sehr diffe-

renzierten Vorgehensvorschlag für jede einzelne Fragestellung, der der
Geschäftsleitung präsentiert werden könnte.

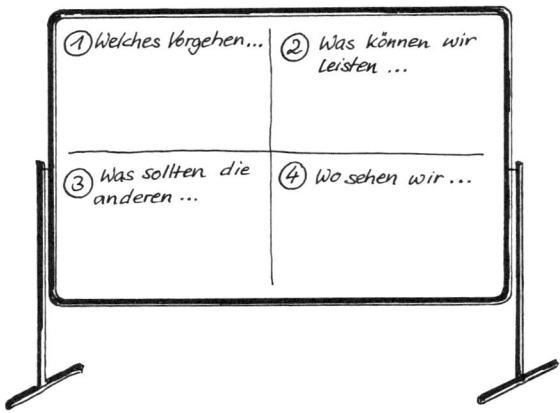

Zweite Alternative

Da eine solche Kleingruppenarbeit mit anschließendem Abstimmungs-
prozess ziemlich zeitaufwendig wäre, schlägt die Moderatorin eine
strukturierte Ideensammlung zu allen gesammelten Aufgaben für die
zukünftige Verbesserung der Meister-Ingenieur-Situation im Plenum
vor. Zu jeder Aufgabe sollen in einer moderierten Diskussion erste Ideen
gesammelt und andiskutiert werden. Die Fragen dazu:

→ Wie könnten erste Maßnahmen bei der Bearbeitung der jeweiligen
   Fragestellung aussehen?
→ Wer sollte an der weiteren Bearbeitung der jeweiligen Fragestellung
   aus Sicht der Arbeitsgruppe beteiligt sein?
→ Was ist bei der Planung und bei der Umsetzung der jeweiligen Maß-
   nahme aus Sicht der Gruppenmitglieder unbedingt zu beachten?
   Was darf auf keinen Fall übersehen werden?

Die Moderatorin schreibt die Ergebnisse der kurzen Diskussionen auf
dem Flipchart mit. In dieser Diskussion muss es nicht um einen Kon-

sens in allen Fragen gehen. Ziel ist eine von der Gruppe erstellte, strukturierte Ideensammlung für Maßnahmen. Diese Ideensammlung soll dem Vorgesetzen als Hilfsmittel dienen zu entscheiden, wie mit den verschiedenen Problembereichen weiter verfahren werden kann. Mit dieser Ideensammlung wird das zweite Ziel: »Entwicklung von ersten Umsetzungsideen darüber, wie die erarbeiteten Aufgaben und offenen Fragen weiterbearbeitet werden können« erreicht.

Für die Behandlung einer jeden Aufgabe hat die Moderatorin stramme acht Minuten vorgesehen. Das machen intensive 90 Minuten, in denen von möglichst allen Teilnehmern erste Ideen in Richtung Umsetzung der Aufgaben generiert werden sollen. Nach einer anschließenden kurzen Pause stehen dann noch etwa 30 Minuten für die Abschlussphase der Moderation zur Verfügung.

Abschlussteil

Übersicht über die einzelnen Schritte

→ Aktionsplan beziehungsweise Maßnahmenplan;
→ Abarbeiten des angelegten Fragenspeichers;
→ Abgleich der Erwartungen und Stimmungsabfrage;
→ Rückmeldungen zur erlebten Moderation;
→ Beenden der Moderation, Verabschieden der Gruppe

Aktionsplan beziehungsweise Maßnahmenplan

In der Praxis sind viele Besprechungen plötzlich zu Ende und keiner der Beteiligten weiß so recht, wie es weitergeht. Der eine oder andere möchte es vielleicht auch gar nicht wissen: »*Nur schnell weg hier, bevor ich noch etwas machen muss.*«

Daher gilt: Jede Sitzung, jede Besprechung, jede Gruppenarbeit muss zu einem Aktionsplan kommen. Dabei werden folgende Fragen beantwortet:

→ Welche konkreten Schritte werden im Anschluss an die Sitzung angegangen?

→ Wer macht was, bis wann, mit welcher/wessen Unterstützung?

Bei Maßnahmen, die sich über einen längeren Zeitraum erstrecken, hat es sich als hilfreich erwiesen, einen »Paten« zu benennen, der die einzelnen Verantwortlichen immer wieder einmal an das Umsetzen der vereinbarten Vorhaben erinnert und über Zwischenziele und Termine spricht.

Der Aktionsplan sollte stets schriftlich festgehalten und als erste Seite des Protokolls an jeden Teilnehmer verteilt werden.

In *unserem Beispiel* hat die Moderatorin die Vorlage für den Maßnahmenplan schon auf einem Plakat vorbereitet. Nach fünfzehnminütiger Diskussion sieht der Aktionsplan folgendermaßen aus:

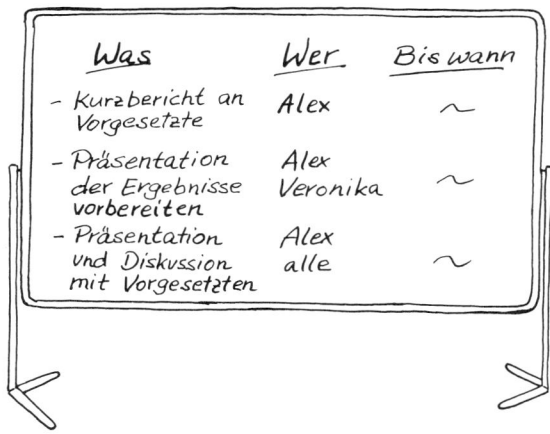

Abarbeiten des angelegten Fragenspeichers

Für den Fall, dass während der Moderation der Fragenspeicher mit den Fragen, die im laufenden Prozess keinen Platz gefunden hatten, gefüllt wurde, werden diese Fragen jetzt nacheinander durchgearbeitet. Die Erfahrung zeigt, dass sich einige der Fragen und offenen Punkte im Laufe der Diskussion bereits geklärt haben und einfach abgehakt werden können. Andere Fragen lassen sich jetzt, nach den gemachten Erfahrungen in den einzelnen Arbeitsschritten, schnell und zufriedenstellend beantworten. Für alle noch offenen Punkte werden Maßnahmen beschlossen und in den Maßnahmenplan aufgenommen: »Wer kümmert sich um das Thema und berichtet wem über die gesammelten Informationen?«

In *unserem Beispiel* wurde folgende Frage geparkt: »*Wie ist unsere befreundete Zulieferfirma mit einem ähnlichen Problem umgegangen?*« Zwei Teilnehmer erklärten sich dazu bereit, erste Informationen über das Vorgehen bei der Zulieferfirma einzuholen. Das Ergebnis soll – auf einer Seite zusammengefasst – sowohl den Teilnehmern der Sitzung als auch dem Vorgesetzten zugeschickt werden.

Abgleich der Erwartungen und Stimmungsabfrage

Wenn, wie in unserem Beispiel, zu Beginn einer Arbeitssitzung die Erwartungen der Teilnehmer abgefragt wurden, dann sollte zum Schluss der Veranstaltung noch einmal Bezug darauf genommen werden. Die Arbeitsfragen dazu können lauten:

→ Welche Erwartungen wurden erfüllt?
→ Welche Erwartungen wurden nicht erfüllt?
→ Was gibt es aus Sicht der Gruppe daher noch zu tun?

Gemeinsam kann die Gruppe jetzt überlegen, welche Erwartungen bis zu welchem Grad erfüllt wurden und wie mit den nicht erfüllten Erwartungen umgegangen werden soll: »*Was ist noch offen, und wie wollen wir weiter mit den einzelnen Erwartungen umgehen?*« Die Maßnahmen werden ebenfalls in den Maßnahmenplan eingetragen.

Jedes Gruppenmitglied kann für sich prüfen, inwieweit seine Erwartungen erfüllt wurden und was es dazu während der Sitzung getan oder unterlassen hat. Und es kann ebenfalls prüfen, was es konkret jetzt oder im Anschluss an die Sitzung tun muss, um noch »auf seine Kosten« zu kommen, und was es vielleicht in zukünftigen Sitzungen anders machen wird, damit die eigenen Erwartungen in der Gruppe besser berücksichtigt werden.

Dem Moderator schließlich hilft dieser Abgleich zu klären, wo seine methodische Begleitung zum Erfüllen der Erwartungen beigetragen hat
und wo nicht. Daraus kann er für sein zukünftiges Vorgehen lernen.

Während ein solcher Erwartungsabgleich die inhaltlichen Erwartungen reflektiert, besteht die Möglichkeit, auch die Zufriedenheit der Teilnehmer mit dem gesamten Ablauf des Treffens abzubilden. Beispielsweise mithilfe einer Ein-Punkt-Abfrage. Die einfachste Möglichkeit ist das
Punkten auf einer Skala, zum Beispiel nach der Frage: »*Wie zufrieden bin
ich mit dem gesamten Verlauf der heutigen Sitzung?*«

Etwas differenzierter und aussagekräftiger ist die Ein-Punkt-Abfrage
auf einem zweidimensionalen Feld. Auch diese Stimmungsabfrage nach
Beendigung der inhaltlichen Arbeit muss von der Moderatorin sorgfältig eingeführt werden, damit es nicht als »sinnloses Punktekleben«
missverstanden wird. So wird sie Ziel und Zweck dieses Schrittes erläutern und erklären, warum sie das Punkten anonym oder offen gestaltet,
dann Verständnisfragen beantworten und schließlich die Punkte vertei-
len. Zwei Aussagen, die sich in *unserem Beispiel* anbieten könnten, sind:

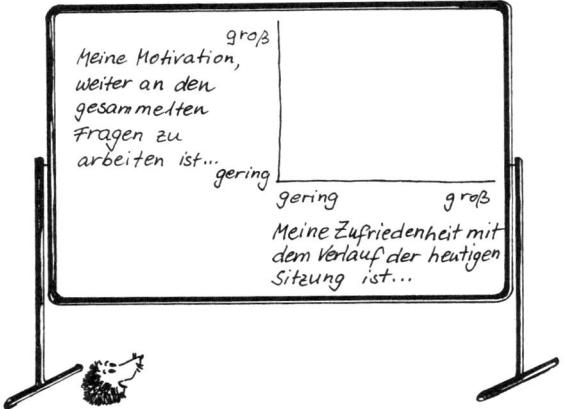

Ein weiteres Aussagenpaar könnte sein:

→ Die Zusammenarbeit zwischen Meistern und Ingenieuren heute empfand ich als »nicht so toll – ermutigend«.
→ Meine Zufriedenheit mit den erarbeiteten Ergebnissen ist »gering – groß«.

Die Teilnehmer bekommen nach der Stimmungsabfrage auf jeden Fall die Möglichkeit, das Gesamtbild zu kommentieren, und die Gruppe wird kurz diskutieren, welche Folgerungen sie aus dem Ergebnis der Stimmungsabfrage – beispielsweise für weitere Sitzungen oder für mögliche nächste Arbeitsschritte – zieht. Eine mögliche Arbeitsfrage: »*Welche Konsequenzen hat das Gesamtbild für eine eventuell weitere Arbeitssitzung?*« Solche Folgerungen werden von der Moderatorin mitgeschrieben und in das Protokoll integriert oder gemeinsam als weitere Maßnahmen aufgenommen.

Rückmeldungen zur erlebten Moderation

Die Veranstaltung ist (fast) beendet, die Ergebnisse liegen fest. Die »Hausaufgaben« wurden verteilt, die Erwartungen abgeglichen, Stimmungen abgebildet und Folgemaßnahmen vereinbart. Jetzt finden die Teilnehmer – hoffentlich – noch Zeit, die Perspektive zu wechseln und laut über die Sitzung selbst, über die angewandten Methoden, über das Verhalten der Moderatorin oder der Gruppe nachzudenken und dies in Rückmeldungen zu formulieren. »Hoffentlich« deshalb, weil eine solche Rückmelderunde in der betrieblichen und sonstigen Praxis eine unschätzbare Chance ist, bei allen Beteiligten methodische Kompetenzen in Sachen Gruppenarbeit und Moderation weiterzuentwickeln.

Für die Rückmelderunde sollten eine, höchstens zwei Fragen formuliert werden. Hier einige Möglichkeiten:

Mögliche Fragen zur Rückmeldung nach einer erlebten Moderation

→ Wie zufrieden bin ich mit dem Arbeitsprozess in der Gruppe? Was hat mir besonders gefallen? Was will ich beim nächsten Mal anders machen?

→ Welche Wünsche habe ich jetzt noch an die anderen Gruppenteilnehmer?

→ Wie hat mir die Moderationsmethode gefallen als Möglichkeit, Arbeitsgruppen zu begleiten? Was hat mir insgesamt besonders gefallen? Was sollte beim nächsten Mal anders gemacht werden?

→ Wie hat die Moderationsmethode zur Zielerreichung beigetragen? Was hat mir dabei besonders gefallen? Was sollte beim nächsten Mal anders gemacht werden?

→ Was möchte ich dem Moderator (der Moderatorin) zurückmelden? Was hat mir gefallen? Was wünsche ich mir beim nächsten Mal anders?

Oder allgemeiner:

→ Was hat mir gut gefallen, was sollte also beim nächsten Mal auf jeden Fall beibehalten werden?

→ Was hat mir nicht so gut gefallen, was sollte beim nächsten Mal anders gemacht werden?

Beenden der Moderation und Verabschiedung der Gruppe

»Bisher habe ich Sie in der Rolle als Moderatorin methodisch begleitet. Diese Rolle gebe ich nun mit Abschluss der Moderation auf. Bedanken möchte ich mich bei Ihnen, dass Sie mir die Gelegenheit gegeben haben, Ihren Prozess zu begleiten ... Sie haben mir die Arbeit als Moderatorin dadurch leicht gemacht, dass Sie ... Für weitere Fragen zu meiner Arbeit oder zur Methode, aber auch einfach zu einem lockeren Plausch stehe ich Ihnen beim Abendessen gerne zur Verfügung ...«

Nachbereitung

Wie in jeder anderen Besprechung oder Arbeitssitzung ist es wichtig, die Ergebnisse der moderierten Sitzung zu protokollieren. Nur so geht nichts verloren, es kann die Erledigung der vereinbarten Maßnahmen überprüft werden und Dritte können einen Überblick über das inhaltliche Geschehen während der Sitzung bekommen. Generell empfehlen wir für die Erstellung des Protokolls: so wenig wie möglich, so viel wie nötig. Zwei Möglichkeiten gibt es für ein solches Protokoll:

→ Das **Verlaufsprotokoll**: Es werden sämtliche im Verlauf der moderierten Sitzung erstellten Visualisierungen fotografiert, als Datei gespeichert und verschickt. Dies hilft den Gruppenmitgliedern, sich den Verlauf der Sitzung und das Zustandekommen der Ergebnisse noch einmal in Erinnerung zu rufen. Diese Form der Prozessdokumentation kann die Akzeptanz der Ergebnisse zusätzlich fördern, an deren Zustandekommen man ja aktiv beteiligt war. In der Praxis hat es sich als sinnvoll erwiesen, nach Beendigung der Arbeitssitzung kurz zusammen mit der Gruppe die Visualisierungen zu bestimmen, die fotografiert und verschickt werden sollen. Das erspart ein Zuviel an Informationen.

→ Das **Ergebnisprotokoll** ist eine Alternative zum Verlaufsprotokoll: Hier werden nur die Ergebnisse der Arbeitssitzung in übersichtlicher Form möglichst noch während der Sitzung festgehalten. Oft ist dieses Protokoll inhaltsgleich mit dem Aktionsplan und wird von der gesamten Gruppe am Ende der Sitzung verabschiedet. Ein »Nachkarten« kann durch dieses Vorgehen weitgehend vermieden werden.

ENTSCHEIDUNGS-SPIELRAUM UND GRUPPENGRÖSSE – WANN IST EINE MODERATION SINNVOLL?

11 ENTSCHEIDUNGSKRITERIEN FÜR DEN EINSATZ DER MODERATIONSMETHODE

Das Aufkommen einer neuen Methode führt in vielen Fällen dazu, dass ihr in der öffentlichen Debatte Zauberkräfte zugeschrieben werden: *»Endlich das Werkzeug, mit dem man alle offenen Probleme wirkungsvoll behandeln kann.«* So ergeht es gelegentlich noch der Moderationsmethode. Plötzlich muss alles moderiert werden, jede Besprechung, jede Konferenz. Statt Besprechungsleitern sollen in manchen Unternehmen jetzt Moderatoren ausgebildet werden. Nur: Es sollte nicht jede Aufgabe zu einer moderierten Gruppensitzung umfunktioniert werden. Manchmal reicht eine kurze Besprechung oder auch nur eine Präsentation einer getroffenen Entscheidung mit anschließender Diskussion. Und gelegentlich hilft ein Bummel über den Flur, um in Einzelgesprächen auf gute Ideen zu kommen.

Für die Entscheidung, ob eine Sitzung moderiert werden soll oder nicht, lassen sich eine Reihe von Kriterien diskutieren.

Gestaltungs- und Entscheidungsspielraum

Das Thema, das Problem, die Fragestellung, um die es in der Sitzung geht, sollten von der Art sein, dass es lohnt, eine Gruppe von Menschen gemeinsam »von der Arbeit abzuhalten« und sie stattdessen in eine Arbeitssitzung zu stecken. Das ist der Fall, wenn es beispielsweise um Meinungen, Erfahrungen, individuelle Ansichten und die Kreativität mehrerer geht, die für die Zielerreichung wichtig sind. Geht es dagegen beispielsweise nur um Informationsbeschaffung, braucht es in der Regel keine Gruppe, da ist ein Einzelner mit Zugang zu guten Datenbanken schneller und kostengünstiger.

Genauso entscheidend: Das Thema, das moderiert werden soll, muss prinzipiell offen sein für neue, nicht schon im Vorfeld festgelegte oder bereits entschiedene Meinungen und Lösungen.

Soll das (heimliche) Ziel einer Arbeitssitzung dagegen darin bestehen, einer bereits getroffenen Entscheidung den »letzten demokratischen Anstrich« durch die Behandlung in einer Arbeitsgruppe zu geben, ist die moderierte Sitzung in jedem Fall das falsche Mittel. Denn mit ihr können ja gerade neue, bisher noch nicht überlegte und dennoch Erfolg versprechende Ideen, Lösungsansätze oder Alternativen erarbeitet werden. Das Ergebnis einer moderierten Arbeitssitzung lässt sich inhaltlich nicht eindeutig vorherbestimmen, denn moderierte Arbeitsgruppen besitzen eine eigene Dynamik.

Die folgende Übersicht zeigt beispielsweise auf, wie der Zusammenhang zwischen Leitungsentscheidungen und Gestaltungsspielraum der Gruppe aussehen kann.

Der Auftraggeber / Vorgesetzte hat zum Thema schon entschieden:	Die Gruppe ist eingeladen (beispielsweise),
Nichts	zu besprechen und Vorschläge zu unterbreiten, ob etwas getan werden soll und wie das aussehen könnte;
Dass demnächst etwas getan werden soll	zu diskutieren und zu beschließen, was getan werden soll;
Was genau getan werden soll	zu besprechen wann, wie, wo und von wem es am besten getan werden soll;
Wann, wie, wo und von wem es getan werden soll	die Einzelheiten der Umsetzung und Realisierung zu besprechen;
Alles	die Beweggründe für die Entscheidung und die Konsequenzen, die damit für Einzelne verbunden sind zu erfahren und Fragen zu stellen.

Berücksichtigt man zudem noch die für die Sitzung zur Verfügung stehende Zeit, hilft dies bei der Entscheidung, ob eine moderierte Arbeitssitzung sinnvoll erscheint oder nicht.

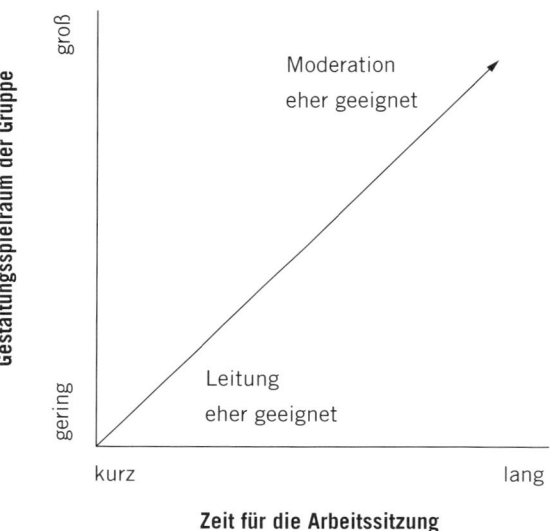

Zeit

Eine moderierte Arbeitssitzung benötigt einen gewissen zeitlichen Spielraum. Sie lässt sich nicht in 15 Minuten durchführen. Erfahrungsgemäß benötigen Sitzungen, in denen viele Teilnehmer aktiv mitarbeiten und sich entsprechend austauschen, mehr Zeit als Besprechungen, bei denen nur wenige reden und beispielsweise nach kurzen Informationsphasen mit Handzeichen abgestimmt wird.

Die zur Verfügung gestellte Zeit für eine moderierte Sitzung muss dem Thema, dem Ziel und der Gruppengröße angemessen sein. Die Zeitangaben in unserem Beispiel (Kapitel 10) und bei der Vorstellung der Verfahren (Kapitel 7) sollen einen Anhaltspunkt geben und bei der Planung erster eigener Moderationen helfen.

Die eingeladenen Teilnehmer

Es ist schon schwer genug, eine Besprechung mit Teilnehmern durchzuführen, die nichts sagen oder nichts sagen wollen. Eine moderierte Arbeitssitzung ist jedoch unmöglich, denn ihr ureigener Sinn ist es doch, dass die Teilnehmer des Treffens gemeinsam etwas erarbeiten. Bei großen Veränderungsprojekten in Organisationen kann es natürlich bisweilen vorkommen, dass Mitarbeiter zu Workshops »verdonnert« werden, in denen sie engagiert und kreativ mitarbeiten sollen, obwohl sie das weder wollen noch so richtig können. Dann wird vom Moderator eine Menge an Motivationskraft verlangt, um die Sitzung ins Laufen zu bringen. Die Konsequenz: Bei der Planung einer moderierten Sitzung muss auch darauf geachtet werden, dass bei den Teilnehmern ein Mindestmaß an Bereitschaft zur Mitarbeit herrscht, anders geht es nicht. Das muss vor allem bei »kritischen« Projekten in den Vorgesprächen zwischen Moderator, Auftraggeber und vielleicht auch den späteren Teilnehmern angesprochen werden.

Gleiche unter Gleichen

In einer moderierten Sitzung sind – idealerweise – alle am Arbeitsprozess Beteiligten gleichwertig und gleichberechtigt. Dafür steht der Moderator und dazu dienen die Regeln der verschiedenen Moderationsverfahren. Wenn Vorgesetzte teilnehmen, sollten sie daher die Bereitschaft aufbringen, grundsätzlich als Gleiche unter Gleichen aufzutreten. Sie sollten zumindest »mit offenen Karten spielen« und beispielsweise zu Beginn einer Sitzung klar zum Ausdruck bringen, wie weit sie gehen wollen oder können und wo ihre Verantwortung, ihre Position, die Vorgaben, an die sie sich gebunden fühlen, oder ihr Selbstverständnis Grenzen setzen.

Gruppengröße

Erfahrungsgemäß liegt die günstigste Zahl bei sechs bis zwölf aktiven Teilnehmern. In besonders arbeitsintensiven oder in konfliktreichen Veranstaltungen mit Gruppen über zehn Teilnehmern bietet es sich an, mit zwei Moderatoren zu arbeiten. Es kann dann mit Kleingruppen gearbeitet werden, und die Moderatoren können zudem arbeitsteilig vorgehen. Der eine achtet dann mehr auf den Arbeitsprozess zur Zielerreichung, während der andere seinen Schwerpunkt auf die Begleitung des Gruppengeschehens legt. Beide können sich zudem beim Erstellen von Visualisierungen unterstützen.

Infrastruktur

Ein Raum, in dem ungestört gearbeitet werden kann (Handy-frei!), etwas Technik, um visualisieren zu können, Möglichkeiten zur Pausengestaltung, leichte Mahlzeiten, ausreichend Wasser, Kaffee oder Tee. Am besten eine kreative, zum Nachdenken, Experimentieren und entspanntem Arbeiten animierende Umgebung. Je passender diese Rahmenbedingungen, desto Erfolg versprechender das Arbeiten.

Vieles lässt sich planen, vorbereiten, organisieren – und doch: Den Enkeln wird man später von der moderierten »Sitzung« erzählen, die nach einer Flugzeugnotlandung mit allen zehn Überlebenen mitten im tropischen Regenwald stattfand, zum Thema »Wie kommen wir alle heil und möglichst schnell hier wieder heraus?« Und das Ganze nachts auf einer kleinen Sandbank, voller Angst vor Krokodilen, Schlangen, fleischfressenden Pflanzen, mit einer zufällig mitgeflogenen Moderatorin, völlig im Sinne der Philosophie, hierarchiefrei, engagiert, zielgerichtet und mit Visualisierungen auf den Bordkarten. Und erfolgreich!

12 MODERATION MIT GROSSEN GRUPPEN/ »OPEN-SPACE-VERANSTALTUNGEN«

Für Großgruppen bietet sich ein gestaffeltes Vorgehen an

In der *Großgruppe:*
→ Einstieg in die Gesamtveranstaltung
→ Anlass, Hintergründe
→ Vorstellen des Ziels
→ Vorstellen des Ablaufs
→ Vorstellen der Kleingruppenszenarios
→ Bildung von Kleingruppen

In den *Kleingruppen:*
→ Vereinbaren des Ziels der Kleingruppenarbeit
→ Ablauf der (moderierten) Kleingruppensitzung
→ Durchführung der Moderation
→ Vorbereiten der Präsentation im Plenum oder
→ Vorbereiten eines Informationsmarktes mit Plakaten für die anderen Teilnehmer

In der *Großgruppe:*
→ Zusammenführen der Ergebnisse
→ Bilden neuer Szenarien für Kleingruppen
oder
→ Abschluss der Veranstaltung

Großgruppen

Ob sich Großgruppen mit mehr als dreißig oder sogar fünfzig Teilnehmern moderieren lassen, haben die Moderationsprofis der ersten und zweiten Stunde natürlich versucht. Das Ergebnis waren viele, viele Karten und damit auch viele gute Ideen. Aber ein lebendiger, argumentationsreicher Austausch aller mit allen in einem Raum und über einen längeren Zeitraum ist in solchen Großveranstaltungen äußerst schwierig.

Open Space – das Großgruppenarbeitstreffen mit vielen Teilnehmern

Seit Mitte der 1990er-Jahre führen auch im deutschsprachigen Raum Unternehmen, soziale Einrichtungen sowie Organisationen aus den unterschiedlichsten Bereichen diese Großgruppeninterventionsmethode durch, die immer mehr an Popularität gewinnt und als entfernte Verwandte der moderierten Großgruppenveranstaltung kurz vorgestellt werden soll.

Bei Open Space wird die Idee der »ungezwungenen, nicht organisierten, aber dennoch hocheffizienten Kaffeepause« zum Veranstaltungsprinzip erhoben. Zu Beginn einer meist zwei- bis dreitägigen Veranstaltung wird ein Leitthema vorgestellt. Das Leitthema sollte komplex sein, der Anlass für die Veranstaltung in einem dringenden Handlungsbedarf bestehen, die eingeladenen Mitarbeiterinnen und Mitarbeiter sollten von der Thematik persönlich betroffen sein, und es sollte Offenheit in der Organisationsleitung für die zu erarbeitenden Ideen und Vorschläge bestehen. Beispielsweise wurden folgende Themen in Open-Space-Veranstaltungen bearbeitet:

→ Schwierigkeiten bei der Fusion zweier Unternehmen;
→ der dramatische Verlust von Marktanteilen und die Frage, wie das Unternehmen überleben wird;
→ Steigerung der Leistungsfähigkeit einer Organisation;
→ die Verbesserung der Zusammenarbeit zwischen verschiedenen Kooperationspartnern;
→ Entwicklung neuer Produkte und Dienstleistungen.

Open Space ist eine Methode, mit der in relativ kurzer Zeit mit sehr vielen Personen Lösungsmöglichkeiten für eine zu verändernde Situation erarbeitet werden können.

Nach der Vorstellung des Leitthemas haben die Anwesenden die Möglichkeit, im Plenum Einzelthemen für Arbeitsgruppen vorzuschlagen. Wer vorschlägt, übernimmt für die Dauer des ein- bis zweistündigen Workshops die Verantwortung. Jeweils am Vormittag und am Nachmittag gibt es zwei Zeitfenster, in denen parallel verschiedene Workshops stattfinden. Morgens und abends trifft sich das gesamte Plenum zu etwa einstündigen Verständigungsrunden.

Pro Workshop-Zeitfenster, beispielsweise 9–11 Uhr, finden so viele Arbeitssitzungen statt, wie sich Themenverantwortliche und Interessierte gefunden haben. Wurde auf diese Weise das Programm zu Beginn der Veranstaltung einmal festgelegt, hat jeder der Anwesenden die Möglichkeit, an dem Workshop mitzuarbeiten, der ihn am meisten anspricht. Es gibt keine Anwesenheitspflicht, kein Zwang zum Bleiben und auch keine Verpflichtung, irgendeine besondere Leistung zu erbringen.

Ein Workshop, zu dem sich kein Mitmacher findet, wird aufgelöst. Total überlaufene und arbeitsunfähige Workshops können sich teilen und mit kleinerer Besatzung und/oder veränderter Themenstellung weitermachen. Am Ende einer Sitzung gibt es ein Protokoll, das über die erreichten Ergebnisse berichtet. Verantwortlich für das Zustandekommen des Protokolls ist der Workshop-Verantwortliche. Ob dieser seine Sitzung streng leitet oder moderiert, bleibt ihm überlassen. In der Praxis erlebt man meist eine Mischung aus beidem. Denkbar ist aber auch, dass professionelle Moderatoren für die einzelnen Workshops zur Verfügung stehen, die diese moderierend begleiten. Verständlich, dass diese Moderationen ohne große Vorbereitungszeit erfolgen. Eine spannende Herausforderung, weiß man doch nicht, wie intensiv und emotional engagiert der Teilnehmerkreis arbeiten wird! Die Protokolle werden am Ende der gesamten Veranstaltung zusammengeführt und ausgewertet.

Während der Open-Space-Begleiter mit seinem Team für die Logistik, die Moderation der Plenumstreffen sowie für den reibungslosen Ablauf der Gesamtveranstaltung verantwortlich ist, sind es ausschließlich die anwesenden Organisationsmitglieder, ungeachtet ihrer Stellung in der Organisation oder ihrer konkreten Tätigkeit, die inhaltlich arbeiten.

»Meinen Sie wirklich, dass das funktioniert? Ihre Beschreibung erinnert mich etwas an ein großes Happening noch vor einigen Jahren, bei dem alles erlaubt war, solange man nur lieb miteinander umging.«

»Diese kurze Beschreibung soll nur eine erste Vorstellung davon geben, wie Open-Space-Veranstaltungen funktionieren. Aber Erfahrungen in Organisationen haben gezeigt, dass sie sich beispielsweise gut für den Anfang von komplexen Veränderungsprozessen anbieten. Sie helfen, Handlungsfelder zu lokalisieren und können eine möglichst große Zahl von Betroffenen gleich zu Beginn in den Prozess einbinden. Aber auch für Open Space gilt: Diese Methode ist keine Zauberformel für das Gelingen von Großgruppenversammlungen. Sie hat eine bestimmte Leistungsfähigkeit und kann gut mit Kleingruppenmoderationen verbunden werden. Wenn es Sie interessiert, dann kann ich Ihnen einige Bücher empfehlen, in denen Sie die Themen ausführlicher behandelt finden.«

Im kommentierten Literaturverzeichnis finden alle Leserinnen und Leser einige aktuelle Bücher zum Thema, die wir ausgewählt haben.

BONUSKAPITEL: MEETINGS PROFESSIONELL VORBEREITEN UND LEITEN

BONUSKAPITEL:
Die Alternative
zur Moderation –
Meetings professionell
vorbereiten und leiten

→ DIE ALTERNATIVE ZUR MODERATION

Nicht jedes Meeting wird automatisch als eine moderierte Arbeitssitzung geführt werden. Meetings, an denen sich der Leiter inhaltlich engagiert beteiligt, bei denen der Gestaltungsspielraum der Gruppe geringer ausfällt und die nur wenige Minuten dauern (sollten!), sind typische Bestandteile einer Arbeitswoche.

Ganz gleich also, ob es die geplante regelmäßige Abteilungsbesprechung ist oder die kurzfristig einberufene Projektsitzung »zwischen Tür und Angel« – in beiden Fällen ist eine verantwortliche und souveräne Leitung gefordert.

Nach wie vor: Meetings werden genutzt

Bei aller Kritik an zu vielen Besprechungen – »Frage: Was ist eine Besprechung? Antwort: Viele gehen hinein, wenig kommt heraus.« – scheint man doch nicht ohne sie auszukommen, selbst in Zeiten modernster Kommunikationsmittel wie Internet, Telefon- oder Videokonferenzen.

Die Fluglinie British Airways warb ganzseitig für das direkte Treffen mit Kunden: »If you're not having breakfast with your client. Who is?« Oder die Lufthansa, die in einer Anzeige die Vorzüge des Internets lobte, weil man darin Flüge buchen kann, um mit Kunden persönliche Gespräche zu führen: »The real advantage of the internet? Booking flights to meet my clients face to face.« Und auch in Gesprächen mit jungen Managern hört man, dass Besprechungen noch lange nicht abgeschrieben sind. Natürlich gibt es in den Unternehmen immer noch die klassischen, lange und sorgfältig vorbereiteten Besprechungen mit zehn oder mehr Teilnehmern. In Zeiten von Projektteams hat sich jedoch zusätzlicher Abstimmungsbedarf aufgetan: Da bittet ein Projektleiter einige Kollegen ganz kurzfristig zu einem kleinen Problemgespräch, Dauer: 20 Minuten. Oder es befindet sich gerade ein wichtiger Zulieferer im

Haus. Das ist die große Chance, einige kleinere Schwierigkeiten aus dem Weg zu räumen und das weitere Vorgehen zu abzuklären. Derartige Meetings kommen sehr kurzfristig zustande, dauern wirklich nur wenige Minuten, und manche finden sogar im Stehen irgendwo in einer ruhigen Ecke statt. Wie auch immer: Alle diese Besprechungen bieten eine gute Chance, etwas unter vier bis zehn Augen zu besprechen, was man am Telefon oder per Mail nur unzureichend kann, weil dabei beispielsweise das persönliche Element verloren geht.

Aber diese Chance wird nur eingelöst, wenn derartige Treffen genauso professionell geleitet werden wie die Sitzungen, auf die man sich im Vorfeld gut vorbereiten konnte. Effizientes Meetingmanagement ist hier das Stichwort. Alles andere kostet die Zeit und die Geduld Ihrer Kollegen und schließlich das Geld des Unternehmens. Und darin unterscheidet sich die Besprechungsleitung nicht von der Moderation!

Knochenarbeit Besprechungsleitung – Frust in der Praxis

Das effiziente Managen von Meetings – was bedeutet das genau? Zuerst einmal eine anspruchsvolle Tätigkeit:

→ Der Leiter muss methodisch vorbereitet sein, seine Ziele kennen und das Vorgehen auf dem Weg dahin. In der Besprechung hat er ein feines Gespür dafür, wann er mit Fragen oder der Zusammenfassung des bisher Erreichten eingreifen muss, um den roten Faden nicht zu verlieren.

→ Ein souveräner Leiter weiß, wie er mit seinen eigenen inhaltlichen Interessen umzugehen hat und wann und in welcher Form er seine eigenen inhaltlichen Beiträge einbringen wird. Bei allem inhaltlichen Engagement verliert er den Arbeitsprozess nicht aus den Augen.

→ Ein Drittes kommt hinzu: Neben dem Engagement in der Sache und der methodischen Verantwortung achten erfahrene Leiter stets auf die Beziehungsebene während einer Besprechung. Sie haben feine Sensoren für die Stimmungen in der Gruppe und wissen genau, ob, wann und wie sie bei Störungen reagieren, damit die Arbeit an den Inhalten in der meist knappen Zeit weitergehen kann.

Dieses Tanzen auf drei Hochzeiten will gelernt werden. Denn die Praxis sieht leider anders aus. Hier eine kleine Liste der am häufigsten genannten Kritikpunkte, wenn es um Besprechungen geht:

Einladung (kurzfristig oder mit zeitlichem Vorlauf):
→ In der Einladung finden sich keine Hinweise über Themen und Ziel(e) in der Sitzung.
→ Eingeladen werden fachfremde, inkompetente, desinteressierte; manchmal zu wenige, häufig zu viele Teilnehmer.

Zum Umgang und Verhalten der Teilnehmer:
→ Unpünktlicher Beginn, Verspätungen.
→ Teilnehmer hören einander nicht zu; jeder wartet, bis der andere Luft holen muss, um ihn dann zu unterbrechen.
→ Vielredner dominieren, die Stilleren resignieren und bringen sich nicht ein.
→ Fehlende Kompetenz beim Leiter, in Streitfällen, bei Störungen oder Konflikten schnell wieder den Weg zum Ziel des Tagesordnungspunkts (TOP) einzuschlagen.
→ Teilnehmer beschäftigen sich mehr mit ihren Laptops und Blackberrys als sich auf das Meeting zu konzentrieren.

Zur Struktur und dem Ablauf der Veranstaltung:
→ Während der Besprechung keine Klarheit über die Ziele, die beim jeweiligen TOP erreicht werden sollen.
→ Abweichungen vom Thema werden toleriert, man gerät vom Hundertsten ins Tausendste, der Leiter leitet nicht zielorientiert.
→ Keine Konsequenzen am Ende eines TOP, kein Maßnahmenplan.

Und schließlich die »technischen« Probleme:
→ Ungünstiger Raum, Tisch oder ungünstige Sitzordnung.
→ Kein Wasser, Kaffee oder Kekse vorhanden, wenn das Meeting doch etwas länger dauern wird.

Die Alternative? Neun Anregungen, die sowohl für längere Besprechungen mit vielen Themen gelten als auch für kurzfristig einberufene Meetings »zwischen Tür und Angel«.

1. Wollen Sie wirklich leiten?
2. Welche Ziele haben Ihre TOPs?
3. Gestalten Sie einen überzeugenden Einstieg!
4. Leiten Sie!
5. Niemals ohne Maßnahmenplan!
6. Ein Jegliches hat seine Zeit!
7. Gestalten Sie ein überzeugendes Ende
8. Schaffen Sie einen angemessenen Rahmen!
9. »If you can't be with the one you love –
love the one you're with!«

Neun Anregungen für Besprechungsleiter

Erstens: Überlegen Sie sich vor jeder Sitzung, ob Sie sie wirklich leiten wollen – denn das hat Konsequenzen!

Dies gilt besonders für spontan überlegte und anberaumte Besprechungen. Stellen Sie sich bitte folgendes Setting vor: Sie möchten mit Kollegen aus Ihrer Organisation nur schnell ein Problem(chen) andiskutieren. Sie bitten daraufhin drei Kollegen in Ihr Zimmer – aber als richtige Besprechung sehen Sie selbst das Ganze möglicherweise gar nicht an und fühlen sich daher auch nicht für Ziel, Ablauf, Einstieg und Abschluss mit Maßnahmen und »Hausaufgaben« verantwortlich. *»Das wäre doch etwas übertrieben und viel zu formal und streng. So ein Treffen sollte doch ganz locker ablaufen«*, mögen Sie vielleicht denken. Dass so ein kleines Treffen schnell eine Stunde dauern kann und mit den Worten *»Wir sollten uns demnächst einmal systematisch mit dem Thema beschäftigen«* endet, ist eine häufig erlebte Folge dieser Haltung.

Unsere Empfehlung: Wenn Sie während der Arbeitszeit die Zeit anderer Menschen verplanen wollen und nicht zu einem lockeren Beisammensein in der Kaffeeküche eingeladen haben, dann nennen Sie diese Veranstaltung »Besprechung« und übernehmen Sie die volle Verantwortung dafür: Sie bereiten sich also zielgerichtet vor und leiten das Geschehen. Und für alle Beteiligten gilt: *»Die liebe Kollegin oder der liebe Kolle-*

*ge ... möchte etwas von uns und wird uns genau sagen, was und warum
das Zusammenkommen notwendig und sinnvoll ist, was wir machen sollen
und vielleicht auch, wie und was danach geschieht, und schließlich,
wann wir wieder unserer eigentlichen Arbeit nachgehen dürfen.«*

Zweitens: Formulieren Sie die Ziele für Ihre TOP und die Erwartungen an Ihre Teilnehmer!

Unabdingbar zur – unter Umständen auch nur kurzen – Vorbereitung
gehört die exakte Beschreibung des jeweiligen Besprechungsthemas
(TOP) und des dazugehörigen Besprechungsziels. Es ist wie bei einer
moderierten Sitzung: Ohne Ziel gerät die Besprechung eines TOPs zu
einem bunten Strauß von Meinungen, Kritiken, Anregungen und Ideen
und erinnert an Small Talk in der Kaffeeküche oder an das ziellose Surfen
im Internet.»Leitung« bedeutet, auf ein Ziel hinzuleiten. Dieses
muss vorher überlegt und am besten aufgeschrieben werden – etwas, das
in der Praxis leider in vielen Fällen sträflich vernachlässigt wird.

Es ist Aufgabe des Einladenden, also des Leiters der Besprechung,
sich über das Ziel ausreichende Gedanken zu machen. Es empfiehlt sich,
das Ziel für jeden TOP schriftlich zu notieren. Dieses Ziel sollte in die
Einladung aufgenommen werden. Während der Besprechung sollte der
Leiter das Ziel zu Beginn eines jeden TOP ausdrücklich ansprechen und
die anschließende Diskussion auf dieses Ziel hin ausrichten.

Also: Was konkret soll in der Besprechung erreicht werden? Geht es
bei dem Thema beispielsweise um

→ das Informieren der Anwesenden,
→ einen Austausch von Informationen oder Meinungen,
→ das Sammeln von Ideen und Vorschlägen zur Problembearbeitung,
→ das Entwickeln einer gemeinsamen Position,
→ das Koordinieren von Maßnahmen und Vorgehensweisen,
→ das Treffen von verbindlichen Entscheidungen?

Die Zielformulierung kann folgendermaßen aussehen:

Ziel für TOP 1 ....

1. Wie lautet das Thema bei TOP 1? Worum geht es bei TOP 1?

2. Wenn ich an meine Interessen und Kompetenzen sowie die Motivation der Gruppe denke, geht es mir bei diesem TOP um

Information	und/oder	*Aktion*	und/oder	*Entscheidung*
(informieren, Informationen austauschen …)		(Probleme beschreiben und strukturieren, Lösungs- vorschläge entwickeln Entscheidungen vorbereiten, Konsens herstellen, Wir-Gefühl schaffen …)		(Entscheidungen treffen, Maßnahmen koordinieren …)

3. Daraus folgt für mein konkretes Ziel. Ich möchte am Ende des TOP
   erreichen, dass

   ....

   ....

Wenn Sie das Ziel formulieren, überlegen Sie gleichzeitig, ob Sie dieses
Ziel mit der geplanten Teilnehmerrunde tatsächlich erreichen können.
Welche Rolle spielt dabei der Einzelne? Liefert jemand keinen konkreten
Beitrag, überlegen Sie, ob sie ihn überhaupt noch einladen wollen.
   Hier einige Beispiele:

→ Wollen Sie, dass Ihre Besprechungsteilnehmer einer Rede von Ihnen
   zuhören, vielleicht noch Verständnisfragen zum Gehörten stellen
   (Ziel überwiegend: Informieren)? Überlegen Sie in diesem Fall, ob
   Sie dazu wirklich eine Besprechung einberufen oder ob die Informa-
   tionsvermittlung nicht auch anders erfolgen kann, beispielsweise
   durch eine E-Mail mit Anhang. Wenn Sie jedoch alle um sich versammelt sehen wollen, begründen Sie, warum Sie zu dieser Informa-
   tionsveranstaltung eingeladen haben.

→ Sollen die Teilnehmer zu einem Thema ihre Meinung offenlegen, ihr Wissen einbringen, ihre Erfahrungen diskutieren? Schön und gut, nur begründen Sie, warum Sie das Wissen gerade der hier Versammelten benötigen. Zeigen Sie auf, was damit geschieht und wie es Ihnen im weiteren Verlauf Ihrer Arbeit nützt.

→ Sollen die Teilnehmer zur Lösung eines Problems oder zur Klärung einer bestimmten Situation konkrete Maßnahmen entscheiden, vielleicht sogar schon Verantwortlichkeiten und Termine vereinbaren? Ein solches Treffen leuchtet den meisten Teilnehmern sofort ein. Nur: Hat die Gruppe überhaupt die Befugnis und Kompetenz, Entscheidungen zu treffen? Nur wenn das gegeben ist, kann ein Treffen mit diesem Ziel überhaupt stattfinden.

Zusammengefasst: Mit diesen Vorbereitungsschritten prüfen Sie also, ob das Zusammentreffen mehrerer Personen zu Ihrem Thema wirklich notwendig ist. Vielleicht wird Ihnen dabei bewusst, dass Einzelne im gegebenen Fall gar nicht gebraucht werden oder dass bestimmte Themen und Fragen anders besser bearbeitet werden können als in einer Besprechung. Für den Fall, dass Sie die Gruppe wirklich benötigen, können Sie mit der Zielformulierung gut begründen, warum die jetzt eingeladenen Kolleginnen und Kollegen genau die Richtigen für die Veranstaltung sind. Das gilt gleichermaßen für ein sehr spontan einberufenes Treffen: Notieren Sie sich Ihr Ziel und sprechen Sie es sich auf dem Weg zum kurzfristig einberufenen 15-Minuten-Meeting einmal laut vor: *»Am Ende der Sitzung möchte ich mit Ihnen erreicht haben, dass ...«*

Drittens: Gestalten Sie einen überzeugenden Einstieg in Ihre Besprechung!

Sie selbst werden den Spruch vom entscheidenden »ersten Eindruck« kennen. Ist der Start erst einmal konfus, müssen Sie viel Arbeit leisten, um das Interesse, die Motivation und die Beteiligung Ihrer Teilnehmer wieder einzufangen. Deshalb ist der Einstieg entscheidend für das Erreichen der Ziele Ihres Meetings.

Aber bevor es richtig losgeht:

→ Versuchen Sie, einige Minuten vor dem Start im Raum zu sein und begrüßen Sie jeden persönlich.
→ Begrüßen Sie, bevor es dann »richtig« losgeht, alle Teilnehmer gemeinsam und eröffnen damit die Sitzung.
→ Bei Bedarf: Stellen Sie sich kurz vor oder lassen Sie einzelne Teilnehmer sich vorstellen.

Und jetzt wird es ernst:

→ Stellen Sie dar, warum Sie gerade diese Gruppe zusammengerufen haben und was die Sitzung soll.
→ Stellen Sie kurz als Übersicht die Tagesordnungspunkte oder Themen vor, die Sie in dieser Sitzung behandeln möchten.
→ Nennen Sie das Thema und das Ziel, das Sie erreichen wollen.
→ Klären Sie noch offene organisatorische Fragen, sprechen Sie die voraussichtlich benötigte Zeit an.
→ Für den Fall, dass die Ergebnisse dokumentiert werden sollen, klären Sie Art und Umfang des Protokolls. Klären Sie, wer für das Protokoll verantwortlich ist.
→ Fragen Sie, ob es noch offene Fragen gibt.
→ Legen Sie mit dem ersten Thema los.

Natürlich gibt es Situationen, da fallen einige der Einleitungsschritte weg (beispielsweise die Kurzvorstellung, wenn sich alle kennen) oder sie fallen zumindest sehr kurz aus. In einer sorgfältigen Vorbereitung empfiehlt es sich jedoch immer, die einzelnen Schritte dieser Liste durchzugehen und dabei zu überlegen, ob und was Sie vorstellen wollen. Und egal, wie spontan »man sich mal kurz zusammengefunden hat, um schnell gemeinsam …«, nennen Sie auf jeden Fall das Ziel, das Sie erreichen wollen und begründen Sie, warum Sie dazu die Anwesenden eingeladen haben.

Viertens: Leiten Sie!

Leiten bedeutet Kommunizieren: konzentriert, aufmerksam, konsequent und mit allen Sinnen. Leiten bedeutet Zuhören, Fragen stellen, den Meinungsaustausch zwischen den Teilnehmern ermöglichen. Leiten bedeutet zudem, Inhalte »auf einem roten Faden über eine stabile Beziehungsbrücke« zum Ziel zu bringen.

Hier einige der wichtigsten Fähigkeiten für Besprechungsleiter:

Aufmerksames und ungeteiltes Zuhören. Dazu gehört eine zugewandte Körperhaltung, ein angemessener Blickkontakt, ein unterstützendes Kopfnicken und gelegentliche kurze Äußerungen, wie beispielsweise »hm«, »ja«, «aha«. Sie stellen Kontakt zum Redner her und gestalten eine offene und vertrauensvolle Beziehungsebene. Zum aufmerksamen Zuhören gehört, dass Sie Fragen stellen, wenn Sie sich nicht ganz sicher sind, etwas so verstanden zu haben, wie es der andere gemeint haben könnte. Fragen stellen bedeutet beim Zuhören, dass Sie durch offene Fragen (»*Was verstehen Sie unter …?*«, »*Welches Beispiel haben Sie für …?*«) beim Thema des anderen bleiben und dessen Position vollständig zu verstehen versuchen. Das bedeutet aber auch, dass Sie (während Sie zuhören) das Gespräch noch nicht in Ihre Richtung lenken.

Mit eigenen Worten wiederholen und zusammenfassen. Dies ist eine der wohl wichtigsten kommunikativen Fertigkeiten nicht nur für Besprechungsleiter. Sie wiederholen mit Ihren eigenen Worten die zentralen Inhalte Ihres Gesprächspartners. Wiederholungen werden oft mit Sätzen eingeleitet wie: »*Verstehe ich Sie richtig, dass …*«, »*Bedeutet das, dass …*«, »*Liegt Ihrer Ansicht nach …*«

Wichtig ist, dass Sie sich konsequent bemühen, die Perspektive des anderen so wiederzugeben, wie dieser sie verstanden haben will. Mit dieser Fertigkeit erreichen Sie,

→ dass der andere sich ernst genommen und verstanden fühlt. Dies ist also ein zentraler Beitrag zu Ihrer Arbeit auf der Beziehungsebene.

→ dass Sie in der Gruppe ein gemeinsames Verständnis der besprochenen Inhalte erzielen. Mit Fragen und eigenen Anregungen können Sie dann Anstöße zur inhaltlichen Weiterentwicklung geben.

→ dass Sie der Gruppe verdeutlichen, an welcher Stelle auf dem Weg zur
   Zielerreichung sich die Diskussion zurzeit befindet.

Mit zielgerichteten Fragen die Besprechung lenken. Während Sie klä-
rende Fragen beim Zuhören dazu benutzen, die Perspektive des anderen
angemessen zu verstehen, können Sie mit zielgerichteten Fragen eine Besprechung vorantreiben, neu ausrichten oder auf ein anderes Thema
hinlenken:

→ *»Wer möchte dazu einen Vorschlag machen?«*
→ *»Herr …, Sie haben jetzt zwei Meinungen zu Ihrer Ansicht … gehört.*
   Wie bewerten Sie …?«
→ *»Ich befürworte den ersten Vorschlag. Meine Gründe dafür sind …*
   Wer kann dem noch zustimmen? Und was sagen die anderen da-
   zu?«

Wichtig beim Fragen ist:

→ Gebrauchen Sie offene Fragen – auch W-Fragen genannt –, um Infor-
   mationen zu bekommen, um ein Gespräch zu beginnen, um ein
   Nachdenken über neue Ideen anzuregen: *»Was denken Sie …?«*,
   »Wieso meinen Sie…?«, *»Wie begründen Sie …?«*
→ Setzen Sie geschlossene Fragen – auch Ja/Nein-Fragen genannt – ein,
   um zu Anregungen von Ihnen knappe Stellungnahmen zu erhalten:
   »Gibt es Bedenken gegen die Idee …?«, *»Bedeutet dies, dass wir im*
   nächsten Schritt …?«, *»Liegen uns bisher Messergebnisse zu … vor?«*
→ Stellen Sie Einzelfragen und vermeiden Sie Fragebatterien. Wenn
   Sie – was auch in Radio- und TV-Interviews häufig geschieht – meh-
   rere Fragen hintereinander stellen, bekommen Sie Antworten zu den
   verschiedenen Fragen. Sie schaffen sich eine Komplexität, die nur
   schwer wieder in den Griff zu bekommen ist, oder Sie erhalten Ant-
   worten zu Fragen, die Ihnen eigentlich gar nicht wichtig waren.
→ Es gibt Fragen, die versetzen den Zuhörer in eine Verhörsituation:
   »Warum haben Sie das Protokoll der letzten Sitzung nicht gelesen?«,
   »Wieso ist Ihre Abteilung immer noch nicht …?« Das kann massive
   Auswirkungen auf die Beziehungsebene haben und auch alle anderen Teilnehmer an der Besprechung verunsichern. Versuchen Sie da-

her, möglicherweise unangenehme oder peinliche Fragen zu begründen: »*Herr …, ich sitze morgen mit dem Programmleiter zusammen und muss ihm erläutern, warum wir den Beitrag nicht liefern können. Ich vermute, er wird mir eine unangenehme Stunde bereiten. Deshalb möchte ich von Ihnen jetzt wissen: Was ist schiefgelaufen?*«

Den Meinungsaustausch zwischen den Gruppenmitgliedern unterstützen. Es gibt Besprechungen, in denen jeder Wortbeitrag direkt an den Besprechungsleiter gerichtet wird, selbst dann, wenn es in dem Gespräch um den Vorschlag eines anderen Anwesenden geht. Der Leiter hat die Zügel fest in der Hand, kontrolliert jede Äußerung und unterbindet – mehr oder weniger bewusst – den direkten Meinungsaustausch zwischen den Teilnehmern. Dieses Vorgehen mag dann sinnvoll sein, wenn mit einer relativ großen Gruppe in sehr kurzer Zeit ein inhaltlich einigermaßen brauchbares Ergebnis erzielt werden soll. Der Nachteil: Der Besprechungsleiter muss zu jeder Äußerung inhaltlich Stellung beziehen, auch zu für ihn fachfremden. Viele Besprechungsleiter versuchen daher, den direkten Austausch zwischen den Teilnehmern zu fördern und aufrechtzuerhalten. Dies erfolgt mit Fragen, Gesten und der direkten Aufforderung, sich untereinander auszutauschen: »*Herr …, was halten Sie von der Idee von …?*« Die Aufgabe des Leiters in einer solchen Phase: Zuhören, durch Wiederholung gemeinsames Verständnis über die Inhalte herstellen und durch Zusammenfassungen Transparenz und Struktur schaffen. Aus einer solchen Position kann er dann mit Fragen lenkend in die Diskussion eingreifen: »*Wenn ich einmal die drei bisher vertretenen Standpunkte zusammenfasse und bewerte: erstens …, zweitens …, drittens … *«, »*Jetzt einmal der Reihe nach: Was spricht für …, was für …?*«

Den roten Faden der Besprechung nicht verlieren – nicht zu sehr vom Weg zum Ziel abweichen. Viele Besprechungen kranken daran, dass in der Diskussion auf Seitenthemen ausgewichen wird, neue Themenblöcke aufgemacht werden, man vom Hundertsten aufs Tausendste kommt. Ganz plötzlich geht es nicht mehr um neue Kunden für eine neue Datenbank, sondern um die Fragen, warum bestimmte Datenbankinhalte noch nicht aktualisiert worden sind, und gleich im nächsten Satz um das beliebte Thema, dass die IT-Abteilung kapazitätsmäßig mal wieder nicht in der Lage war …

Als Besprechungsleiter kommt zweierlei auf Sie zu, was Sie schnell erkennen und worauf Sie schnell reagieren müssen:

→ Zum einen müssen Sie frühzeitig erkennen, wann eine Diskussion den roten Faden verliert oder zu weit von der Zielsetzung abweicht, wann ein neues Thema eröffnet wird, wann die Gruppe Gefahr läuft, auf Themen mit zweitrangiger Bedeutung abzugleiten. Sie können sich dazu bei jedem Wortbeitrag fragen, ob dieser noch zu dem gerade behandelten Thema gehört oder nicht. Mit der Zeit werden Sie sich diese Frage automatisch stellen und innerlich eine kleine Alarmglocke hören, wenn ein Beitrag sich massiv vom eigentlichen Thema der Diskussion entfernt. Dieses Frühwarnsystem wird Teil Ihrer methodischen Kompetenz als Besprechungsleiter.

→ In einem zweiten Schritt müssen Sie überlegen, ob (und natürlich auch wie) Sie auf ein Verlassen des Themas reagieren wollen. Hier gilt es, das richtige Maß für die Gruppe und den aktuellen Arbeitsprozess zu entwickeln. Wenn Sie sich für sehr kurze Zügel entscheiden, werden Sie jede kleine Abweichung auf dem Weg zur Zielerreichung ahnden und das Gespräch zum Thema zurückführen. Dies kann Ihnen positiv angerechnet werden: *»Endlich mal ein Leiter, der beim Thema bleibt und sich um Besprechungsdisziplin bemüht. Nur so kommen wir schnell zu einem Ergebnis.«* Kurze Zügel und harte Disziplin können jedoch engagierte Diskussionen im Keim ersticken und Teilnehmer mundtot machen: *»Hier kann man ja noch nicht einmal einen klugen und kreativen Gedanken äußern! Soll der Leiter doch die Sitzung alleine bestreiten und mich in Ruhe meine Arbeit machen lassen!«* Erfahrene Leiter lassen daher Abweichungen vom Thema durchaus zu, wenn sie das Gefühl haben, dass dies das Engagement der Teilnehmer fördert und die Diskussion nicht zu weit vom Ziel entfernt. Dann allerdings schreiten sie ein, wiederholen das Gesagte mit eigenen Worten, verdeutlichen, dass mit dem Wortbeitrag ein anderes Thema eröffnet wurde, benennen dieses auch, schlagen eine Regelung vor, wann dieses neue Thema behandelt werden kann (wenn gewünscht) und lenken das Gespräch wieder auf das ursprüngliche Thema zurück, beispielsweise mit gezielten Fragen: *»Wir hatten vorhin den Vorschlag ... Wie schätzen Sie den Erfolg ein, wenn wir ...?«*

Fünftens: Niemals ohne Maßnahmenplan!

Eine häufig zu hörende Kritik an Besprechungen sind die fehlenden Folgen: »Warum treffen wir uns eigentlich, wenn es absolut keine Konsequenzen gibt und nichts beschlossen wird?« Vielen dürfte folgendes Schlusswort so mancher Besprechungsleiter vertraut sein: »Darum sollten wir uns in der nächsten Zeit wirklich einmal intensiver kümmern.« Und jeder Teilnehmer weiß, was das bedeutet: nämlich nichts. Daher beenden Sie jedes Thema oder Teilthema mit der Frage: »Wer macht was bis wann?« Und wenn es zu einem Punkt keine Maßnahmen gibt, dann muss dies ausgesprochen werden. Dabei kann sich der Leiter schnell überlegen, was die Diskussion ihm oder dem Arbeitsprozess eigentlich gebracht hat oder ob er sich diesen Teil der Besprechung hätte sparen können. Außerdem: Alle vereinbarten Maßnahmen sollten visualisiert werden und gehören ins Protokoll.

Sechstens: Ein Jegliches hat seine Zeit …

… das gilt auch für Besprechungen. Gestalten Sie aktiv und bewusst die Zeit Ihrer Besprechung. Werden Sie zum Souverän über die Prozesse. Gehen Sie verantwortungsbewusst und nachvollziehbar mit Ihrer Zeit um und teilen Sie dies den Teilnehmern Ihrer Sitzung mit. Sie bestimmen darüber, womit die zur Verfügung stehende Zeit gefüllt wird, nicht eine scheinbar knappe Zeit bestimmt, was getan wird.

Pünktlichkeit. Eine Beobachtung vorweg: Wenn es über 38.000 Läufer beim New York City Marathon pünktlich an den Start schaffen – dann sollte dies einer Teilnehmergruppe von etwa zehn Personen ebenso möglich sein. Also, machen Sie den Anwesenden deutlich, warum Sie pünktlich beginnen wollen. Und fangen Sie dann auch an. Zuspätkommende können Sie mit wenigen Worten über den Stand der Diskussion ins Bild setzen und sie später darüber unterrichten, warum Sie nicht gewartet haben. Wenn Sie sich für einen späteren Beginn entscheiden, beispielsweise weil Sie noch auf einen »lebensentscheidenden Oberboss« warten müssen, dann teilen Sie der Gruppe mit, warum Sie dies tun und welche Konsequenzen dies für die Tagesordnung hat. Unsere Empfehlungen: Verzichten Sie darauf, Zuspätkommende bestrafen zu wollen – Tür nach Beginn der Sitzung zuschließen, böse Blicke, kritische Kommentare im Protokoll. Bleiben Sie korrekt und wertschätzend den Personen gegenüber, sprechen Sie mit dem einen oder anderen nach der Sitzung und bitten Sie sie oder ihn, beim nächsten Mal pünktlich zu kommen. Wenn Sie selbst dafür bekannt sind (und dies spricht sich herum!), dass Sie pünktlich anfangen und auch (über)pünktlich aufhören, hat dies Auswirkungen auf diejenigen, mit denen Sie in Besprechungen zu tun haben.

Auf der anderen Seite: Der Zeitforscher Karlheinz A. Geißler behauptet, dass in unserer Welt die Pünktlichkeit von der Erreichbarkeit abgelöst würde. Vielleicht kennen Sie das Phänomen, dass Sie am verabredeten Ort zur verabredeten Zeit plötzlich einen Anruf erhalten und Ihnen mitgeteilt wird: »*Gut, dass ich dich erreiche. Ich stehe jetzt gerade in der Buchhandlung Bittner in der Albertusstraße. Die haben mir echt gute Bücher empfohlen und packen die noch als Geschenke ein. Wenn die fertig sind, bin ich locker in zehn Minuten bei euch. Bis gleich also.*« Vielleicht aber gehören Sie selbst zu dieser Art Anrufer: »*Guten Tag, Herr ... Haben Sie schon angefangen? Nein? Super! Natürlich kommen wir zu dem vereinbarten Workshop. Stehen im Moment noch mitten im Stau kurz vor der Autobahnausfahrt. Sie kennen das ja. Aber gut, dass Sie schon einmal Bescheid wissen. Je nachdem, wie die ihre Ampelschaltung in den Griff bekommen, sind wir gleich da. Bis dann.*« »*See you in a minute*«, würde man im Englischen in diesem Fall das Gespräch elegant beenden.

Da wir als Autoren dieses Buches nun aber selbst nicht frei von der Unsitte des Zuspätkommens sind, sind wir vielleicht nicht die besten Ratgeber in Sachen Pünktlichkeit. Dafür leiden wir aber auch an den möglichen Konsequenzen des Zuspätkommens: Es tut sehr weh, verspätet am Ort eines romantischen Treffens zu erscheinen und zu erkennen, dass die Dame unseres Herzens diesen schon wieder verlassen hat. Auch nicht besser: Sie hat pünktlich mit dem Rendezvous begonnen, halt nur mit einem andern. Was bleibt? Fangen Sie pünktlich an, zumindest mit Ihrer Besprechung.

Zeitverantwortung. Achten Sie auf die Zeit während der Behandlung eines TOP. Legen Sie fest, wie viel Zeit Sie für den jeweiligen TOP investieren wollen. Gestalten Sie den Arbeitsprozess so, dass diese Zeitvorstellung auch erreicht werden kann. Sollten Sie länger brauchen, teilen Sie das der Gruppe mit. Machen Sie deutlich, dass Sie Ihre Zeitplanung ernst nehmen, auch wenn sie sich im Laufe der Sitzung ändern sollte. Ihre Botschaft: »Ich nehme meine und Ihre Zeit ernst und sorge dafür, dass wir mit der zur Verfügung stehenden Zeit verantwortungsbewusst umgehen können.«

Siebtens: Schlussmachen ist eine Meisterleistung – also gestalten Sie ein überzeugendes Ende!

Viele Besprechungen enden in allgemeiner Hektik. Alle reden durcheinander, Handys werden aus den Taschen gezogen, erste Termine werden vereinbart – und Sie warten immer noch darauf, Ihr Schlusswort loszuwerden. Bestehen Sie auf Ihren Schluss – und mag der noch so kurz sein!

Sie können dabei

→ die wichtigsten Ergebnisse noch einmal zusammenfassen;
→ die getroffenen Maßnahmen wiederholen;
→ das erreichte Ziel kommentieren;
→ mitteilen, warum sich aus Ihrer Sicht das Treffen gelohnt hat;
→ sich für die Zeit bedanken, die Ihnen alle zur Verfügung gestellt haben und
→ allen noch einen schönen Tag wünschen.

Sprechen Sie mit klarer, lauter Stimme, schauen Sie alle an und achten Sie darauf, dass Sie das letzte Wort in der von Ihnen verantworteten Sitzung haben. Sie gestalten den Schluss, nicht der Schluss Sie.

Achtens: Kümmern Sie sich um einen angemessenen Rahmen für Ihre Besprechung!

Besprechungen scheitern häufig an »Kleinigkeiten«, die für eilige Manager, denen es in erster Linie um Ziele, Inhalte, Strukturen und Effizienz geht, nicht so wichtig sind. Da trifft sich eine Gruppe, um sich Gedanken zu einer bevorstehenden Organisationsveränderung zu machen, und muss in einem kalten Raum sitzen: Die Kreativität friert buchstäblich ein. Da soll ein neues Projekt vorgestellt werden, und keiner hat sich um den Projektor gekümmert, der »doch sonst immer in diesem Raum herumsteht«. Und wenn es nicht die Technik ist, die Ärger bereitet, sind es die Handys, die die wichtigen Leute an entscheidenden Stellen aus dem Raum locken. Überlegen Sie genau, was an Technik vorhanden ist und worum Sie – oder andere – sich noch kümmern müssen. Und mag es auch banal klingen: Gute Kekse (nicht die, die sonst immer da sind) können so manches Stimmungstief positiv beeinflussen.

Neuntens: »If you can't be with the one you love – love the one you're with!«

»Wenn Sie nicht mit denen zusammen sein können, die Sie lieben – lieben Sie einfach die, mit denen Sie zusammen sind!« Das klingt vielleicht banal, aber es funktioniert! Mit dieser Einstellung werden Sie kaum Konflikte und Störungen in Besprechungen erleben. Leider glauben es nur so wenige.

Hier also einige Anregungen für das Krisenmanagement in Besprechungen:

→ *Schritt 1:* Sie nehmen Störungssignale wahr. Entscheiden Sie, ob dadurch der Arbeitsprozess massiv behindert und die Zielerreichung infrage gestellt wird. Nur dann sollten Sie aktiv werden und auf die Störung eingehen. Ansonsten hören Sie über die Störung erst einmal hinweg.

→ *Schritt 2:* Wenn das Überhören nicht geht, weil die Einwände und Störsignale zu massiv sind, arbeiten Sie mit dem Fragenspeicher aus der Moderation. Das muss nicht unbedingt ein vorbereitetes Flipchart sein, aber zumindest ein A4-Blatt, auf dem Sie das inhaltliche Thema, um das es geht, angemessen festhalten und damit parken können. »*Erlauben Sie mir, dass ich den Punkt ›Versäumnisse bei der …‹ jetzt hier notiere und wir am Ende der Sitzung gemeinsam besprechen, wie wir damit weiter vorgehen wollen. Ich würde dann gerne unseren Punkt … erst einmal zu Ende diskutieren lassen.*« Am Ende der

Besprechung werden die Punkte aus dem Fragenspeicher der Reihe nach abgearbeitet.

➔ *Schritt 3:* Überlegen Sie kurz, ob Sie eine Pause anbieten, wenn es sich um einen »handfesten Krach« handelt, bei dem die Beteiligten nicht auf das Angebot mit dem Fragenspeicher eingehen. In der Pause könnten Sie die Beteiligten auf die Problematik ansprechen, oder Sie entscheiden sich dafür, die Störung direkt und offen für alle in der Sitzung anzusprechen.

➔ *Schritt 4:* Störung in der Sitzung ansprechen. Möglichst neutral bleiben. Die eigenen Beobachtungen mitteilen. Allen Beteiligten gegenüber gleichermaßen mit Wertschätzung begegnen. Das Anliegen der Besprechung deutlich machen, nämlich das Erreichen der eingangs besprochenen Ziele. Wichtig: Vorsicht mit Schuldzuweisungen und wertenden Verhaltenszuschreibungen wie: *»Sie stören«, »An Ihnen liegt es, dass wir seit ...«.* Stattdessen: Das von Ihnen wahrgenommene Verhalten beschreiben und erläutern, warum Sie die Zielerreichung gefährdet sehen.

➔ *Schritt 5:* Die Betroffenen beziehungsweise die Verursacher nach ihrem Anliegen in der Situation fragen: *»Worum geht es Ihnen?«, »Was kann in den nächsten Minuten geleistet werden, um Ihrem Anliegen gerecht zu werden?«* Wichtig: Ihr Ziel ist es, die Besprechung voranzutreiben, halten Sie diesen Perspektivenaustausch bewusst kurz.

➔ *Schritt 6:* Versuchen Sie mit eigenen Worten die geäußerten Perspektiven zusammenzufassen und die Störung auf den Punkt zu bringen. Machen Sie einen Vorschlag für das weitere Vorgehen in Ihrer Besprechung. In der Regel bietet es sich an, den bisher nur kurz angesprochenen Konflikt aus Zeitgründen und Gründen der Vorbereitung nicht gleich in der aktuellen Sitzung zu bearbeiten. Prüfen Sie daher, ob Sie mit Ihrem alten Thema weitermachen können oder einen neuen TOP aufrufen wollen. Machen Sie auf jeden Fall einen Vorschlag, wie aus Ihrer Sicht außerhalb der aktuellen Sitzung mit den aufgekommenen »Konfliktthema« weiterverfahren werden kann.

Grundsätzlich gilt jedoch: Nicht jede Störung muss während der Besprechung thematisiert und behandelt werden. In Ihrer Besprechung geht es zuerst darum, dass Sie zusammen mit den Anwesenden Ihr Ziel erreichen. Erst wenn das gefährdet ist, müssen Sie als verantwortlicher Leiter die Störung aufgreifen. Dann machen Sie das aber konsequent, denn sonst geht Ihnen nicht nur Ihr Ziel verloren, sondern auch noch Ihr guter Ruf als Leiterpersönlichkeit.

Noch ein »trauriger« Nachspann zur gelingenden Besprechungsleitung

Die folgenden Zeilen entspringen einer Werthaltung, die annimmt, dass in einer Besprechung Menschen aufmerksam miteinander reden und einander zuhören, sich dabei sicherlich das eine oder andere denken, nicht jedoch in der Nase bohren, das Schwarze unter den Fingernägeln herauspulen oder mit dem Handy im Internet surfen, E-Mails abrufen und verschicken.

Diese Werthaltung mag antiquiert sein, zumindest was die Handys angeht. Als in Deutschland im April 2009 für wenige Stunden das Netz eines großen Mobilfunkanbieters ausfiel und einige Millionen Menschen ohne Handykontakt waren, schien bei manchen Zeitgenossen die Welt unterzugehen. Der vom »Kölner Stadtanzeiger« befragte Wirtschaftspsychologe Alfred Gebert im Interview: »*Je nachdem, wie eng wir mit unserem Handy verbunden sind, treten tatsächlich Entzugserscheinungen auf. Wir fühlen uns unwohl, fast krank, weil uns etwas fehlt, was so essenziell zu uns gehört ... Ja, wir sind abhängig von der mobilen Kommunikation. Und wenn unser Handy fehlt, schaukeln sich im schlimmsten Fall unsere Gedanken auf, bis wir an nichts anderes mehr denken können außer daran, wieder an unser Suchtmittel zu kommen. Das ist bei einem Alkoholiker nicht anders.*« Und in Besprechungen? Da scheint es manchen Menschen eine schier unmenschliche Qual zu bereiten, einmal für eine Stunde nicht am Blackberry zu spielen oder das Handy auszuschalten. Nun kann man zu Beginn einer Sitzung mit den Anwesenden vereinbaren, die Handys auszulassen. Man kann dies begründen und sich streng an die selbst vorgegebenen Zeiten halten und Meetings nur noch zu wirklich wichtigen Themen und ausgesprochen zielgerichtet durchführen. Und klappt es? Nun ja, manchmal besser als gedacht, dabei gelegentlich schlimmer als befürchtet. Dennoch: unsere Empfehlung ist es, mit den Teilnehmern begründete und wohl argumentierte Vereinbarungen zu treffen.

DIE ÜBERSICHT BEHALTEN: CHECKLISTEN FÜR DIE PRAXIS DER MODERATION

→ CHECKLISTE VORBEREITUNG EINER MODERIERTEN ARBEITSSITZUNG
→ CHECKLISTE ABLAUF EINER MODERIERTEN ARBEITSSITZUNG
→ ÜBERSICHT DIE GEBRÄUCHLICHSTEN VERFAHREN FÜR MODERIERTE ARBEITSSITZUNGEN

Die nachfolgenden Checklisten verfolgen zwei Ziele:

→ Sie dienen als **Zusammenfassung** der wichtigsten, in diesem Buch behandelten Schritte zur Vorbereitung und zum Ablauf einer Moderation. Damit sollen Ihnen als Leserin und Leser noch einmal die **Kernaussagen** in Erinnerung gerufen werden, um Ihnen den Einstieg in die Moderationspraxis zu erleichtern.

→ Darüber hinaus sollen die Checklisten all denen als **Arbeitshilfe** bei der Vorbereitung und Durchführung der eigenen Moderation dienen, die das Buch zwar gelesen haben, die anstehende Moderation aber erst einige Zeit danach durchführen werden. Sie müssen dann nicht wieder den gesamten Text durcharbeiten, sondern können mithilfe der Checklisten sehr schnell in die praktische Arbeit einsteigen.

Ein Tipp: Kopieren Sie sich die Checklisten für die Vorbereitung Ihrer nächsten Moderation. Die Kästchen □ vor den einzelnen Punkten dienen zum Ankreuzen, wenn Sie den Punkt oder die Frage dahinter durchdacht oder berücksichtigt haben.

Ein Hinweis: Die einzelnen Vorschläge sind bewusst ausführlich formuliert. Sie dienen in erster Linie als Anregungen für das eigene Vorgehen. Denn natürlich ist nicht jeder Gesichtspunkt für jede moderierte Sitzung auch gleich relevant. So manchen Punkt kann man in der eigenen Sitzung auslassen, ein anderer bekommt dafür mehr Bedeutung. Sinnvoll ist es jedoch bei der Vorbereitung einer Sitzung, alle Punkte zu durchdenken und erst einmal ernst zu nehmen. Nur so kann man gewährleisten, dass nichts Wichtiges vergessen wird.

CHECKLISTE: VORBEREITUNG EINER MODERIERTEN ARBEITSSITZUNG

Das Thema und die Hintergründe

☐ Wie lautet das Thema, das in der Sitzung behandelt werden soll?

☐ Wie sieht die Vorgeschichte der moderierten Sitzung aus? Was davon hat Einfluss auf die weitere Planung und die Durchführung der Moderation?

☐ Wer hat die Moderation veranlasst, wer ist Auftraggeber? Wie sehen die Interessen des Auftraggebers aus, wo kann mit Unterstützung, wo muss mit Schwierigkeiten gerechnet werden?

☐ In welche aktuell stattfindende Gesamtmaßnahme (Organisationsentwicklungs-, Personalentwicklungsprojekt etc.) ist die zu moderierende Sitzung eingebettet? Was bedeutet das für die Zielsetzung, Auswahl der Teilnehmer sowie für die Umsetzung der erarbeiteten Ergebnisse in die betriebliche Praxis?

Das Ziel

Leitfragen:

☐ Was soll die Gruppe am Ende der Arbeitssitzung in Bezug auf das Thema der Sitzung erreicht haben?

☐ Als Bild gedacht: Wie wird das konkrete Produkt aussehen, das die Arbeitsgruppe am Ende der Sitzung erstellt hat und an den Auftraggeber abliefern möchte?

☐ Angenommen, die Arbeitssitzung kommt zu einem für die Gruppe und/ oder den Auftraggeber erfolgreichen Abschluss, welche Art des Ergebnisses wird als Erfolg eingestuft?

☐ Ist das Ziel vom Auftraggeber vorgegeben oder soll es von der Gruppe eigenständig festgelegt werden?

☐ Worum geht es konkret bei dem Ziel? Sollen:
  – Informationen gesammelt,
  – die Informationen in einer bestimmten Form bearbeitet,
  – Lösungsvorschläge, Maßnahmen, Vorgehensweisen entwickelt
  oder
  – in der Sitzung konkrete Entscheidungen gefällt werden?

☐ Wie sieht also der Entscheidungsspielraum der Gruppe genau aus?

Die Teilnehmer

☐ Wer sind die Teilnehmer an der Arbeitssitzung?

☐ Was weiß ich über die Interessen und die Einstellungen der Teilnehmer?

☐ Wo liegen mögliche »Knackpunkte« der Sitzung?

☐ Wo können auf der Sachebene oder der persönlichen Ebene Konflikte bei den Teilnehmern entstehen?

☐ Wie vertraut ist den Teilnehmern die Moderationsmethode?

Die Einleitung in die moderierte Sitzung

☐ Wie begrüße ich die Teilnehmer?

☐ Wie stelle ich Anlass und Hintergrund der Sitzung dar?

☐ Wie erläutere ich den Teilnehmern die Besonderheiten einer moderierten Sitzung?

☐ Wie erkläre ich den Teilnehmern die Besonderheiten meiner Rolle als Moderator (als Moderatorin)?

☐ Wie stelle ich das Ziel (oder die einzelnen Teilziele) der Sitzung dar?

oder

☐ Wie unterstütze ich die Gruppe bei der Zielfindung und -formulierung?

☐ Wie erfasse ich die Stimmungen in der Arbeitsgruppe und erreiche, dass mögliche Störungen vor dem Einstieg in das Arbeiten bearbeitet oder geparkt werden?

☐ Wie erfasse ich die Erwartungen der Teilnehmer an die moderierte Sitzung und gleiche sie mit dem Ziel der Veranstaltung ab?

☐ Welche Spielregeln für den Umgang miteinander möchte ich anbieten und mit der Gruppe vereinbaren?

☐ Wie führe ich den Fragenspeicher in die Veranstaltung ein?

☐ Wie stelle ich den von mir angedachten Ablauf und den Zeitrahmen der gesamten Sitzung vor?

☐ Wie viel Zeit will ich mir für die Einleitung insgesamt nehmen?

Der Hauptteil der moderierten Sitzung

☐ Welche Arbeitsschritte biete ich der Gruppe zur Bearbeitung des Ziels an?

☐ Welche Moderationsverfahren schlage ich der Gruppe für die Bearbeitung der einzelnen Arbeitsschritte vor und wie begründe ich den jeweiligen Einsatz?

☐ Wie lauten die konkreten Arbeitsfragen für die einzelnen Arbeitsschritte, die ich anbieten werde?

☐ Wie visualisiere ich Ziele, Spielregeln und Arbeitsfragen der verschiedenen Moderationsverfahren?

☐ Wie organisiere ich die Ergebnissicherung einzelner Arbeitsschritte?

☐ Wie viel Zeit wird die Gruppe erfahrungsgemäß für die einzelnen Schritte benötigen? Wie viel Zeit plane ich insgesamt für den Hauptteil der Sitzung ein?

Der Schlussteil der moderierten Sitzung

☐ Wie gestalte ich den Aktionsplan/Maßnahmenplan für das weitere Vorgehen im Anschluss an die Sitzung?

☐ Was kann ich der Gruppe an Methoden anbieten, damit vereinbarte Maßnahmen in der Praxis eine möglichst hohe Realisierungschance haben und nicht schon nach wenigen Tagen wie Luftblasen zerplatzen?

☐ Mit welchem Verfahren und welcher Fragestellung biete ich der Gruppe eine mögliche Stimmungsabfrage nach Beendigung der inhaltlichen Arbeit an?

☐ Wie gestalte ich den Abgleich der anfänglichen Erwartungen der Teilnehmer mit den erzielten Ergebnissen?

☐ Welche Fragestellung biete ich der Gruppe für die Rückmelderunde zur moderierten Sitzung und zu meiner Tätigkeit als Moderator (Moderatorin) an?

☐ Wie verabschiede ich mich von der Gruppe?

☐ Wie viel Zeit plane ich für den gesamten Abschlussteil der Sitzung ein?

Wichtig: Visualisierungen!

☐ Zu welchen Arbeitsschritten oder Verfahren muss ich Visualisierungen vorbereiten (beispielsweise: Ziel(e) der Sitzung, Ablauf, Zeiten, Spielregeln, Arbeitsschritte, Arbeitsfragen)?

Die Rahmenbedingungen und die Technik

☐ Eignet sich der Raum nach Größe und Ausstattung für die Sitzung? Was muss verändert oder ergänzt werden? Wie können mögliche Störungen von außen ausgeschlossen werden?

☐ Was wird für das körperliche Wohlbefinden getan (Pausenmöglichkeiten, Getränke, Mahlzeiten)?

☐ Welche Visualisierungsmöglichkeiten und Medien sind vorhanden, welche muss ich organisieren?

☐ Welche Arbeitsmittel (Stifte, Karten, Papier, Folien, Nadeln, Klebepunkte, Digitalkamera etc.) sind vorhanden, welche muss ich organisieren?

Die Einladung

☐ Wer soll eingeladen werden?

☐ Welche Informationen für ein Einladungsschreiben benötige ich noch?
  – Anfangszeit und vorgesehene Dauer der Veranstaltung;
  – Ort/Adresse;
  – Hintergrund und Anlass;
  – Ziele (soweit schon bekannt);
  – Ablauf/Tagesordnung (soweit schon bekannt);
  – »Arbeitsaufträge« an die Teilnehmer;

→ # CHECKLISTE:
ABLAUF EINER MODERIERTEN ARBEITSSITZUNG

Der hier vorgeschlagene Fahrplan stellt eine von vielen Möglichkeiten für den Einstieg, den Verlauf und den Ausstieg aus einer moderierten Gruppenarbeitssitzung dar. Er ist zudem sehr ausführlich gehalten, um für die Vorbereitung der eigenen Sitzung möglichst viele Angebote zu machen. Die letztendliche Auswahl dessen, was in einer konkreten Sitzung zur Anwendung kommt und an welcher Stelle dies geschieht (Reihenfolge), entscheiden Sie, liebe Leserin und lieber Leser, als Moderatoren mit Blick auf den Auftrag, die Gruppe und die zur Verfügung stehende Zeit.

Begrüßung, persönliche Vorstellung

- [ ] Mögliche Verfahren für die »Anwärmphase«, den Bau von Beziehungsbrücken, das Ankommen auf der Gefühlsebene: Ein-Punkt-Abfrage, Blitzlicht, spielerische Verfahren zur persönlichen Vorstellung von Teilnehmern, die sich untereinander nicht kennen (s. S. 84 ff.).

Anlass und Hintergrund der Gruppenarbeit

- [ ] Warum findet die Sitzung statt?

- [ ] Eventuell Hinweise zur Vorgeschichte und zum Gesamtrahmen, in dem diese Sitzung stattfindet.

- [ ] Wie erfolgte die Auswahl der Gruppenteilnehmer? Warum wurden die Anwesenden zu dieser Sitzung eingeladen?

- [ ] Warum wurde die Moderationsmethode gewählt?

Kurzdarstellung der Moderationsmethode und der Rolle des Moderators

☐ Leistungen und Grenzen der Moderation darstellen.

☐ Inhaltliche Unparteilichkeit des Moderators klarstellen und begründen – Methodenverantwortung des Moderators ansprechen.

☐ Spielregel- und Zeitmitverantwortung der Gruppe ansprechen.

☐ Bereitschaft der Gruppe abklären, sich auf die Moderationsmethode und die Person des Moderators einzulassen.

Zeitrahmen für die gesamte Sitzung vereinbaren

☐ Die Zeitmarken visualisieren.

Das zu Beginn der Sitzung vorliegende Ziel für die moderierte Sitzung vorstellen und abklären

☐ Das Ziel so formulieren und visualisieren, dass es für jeden Teilnehmer gleichermaßen verständlich ist.

☐ *Alternative:* Das Ziel der Sitzung durch die Gruppe erarbeiten und formulieren lassen.

Den Ablauf der gesamten Sitzung vorstellen

☐ Eine Gesamtstruktur visualisiert präsentieren.

Einführung in das Thema

☐ Gleichen Informationsstand für alle Gruppenmitglieder herstellen.

☐ Für alle sichtbar visualisieren.

☐ Experteneinsatz koordinieren und begleiten.

Stimmungen der Gruppenmitglieder abfragen/abbilden

Eine Stimmungsabfrage wird häufig auch gleich zu Beginn einer Arbeitssitzung angeboten.

☐ Erstellen eines themenbezogenen Stimmungsbildes (beispielsweise durch Blitzlicht, Ein-Punkt-Abfrage).

☐ Folgerungen für das weitere Arbeiten mit der Gruppe abstimmen.

Erwartungen der Gruppenmitglieder

☐ Mögliche Verfahren für die Erwartungsabfrage: Zuruf-Antwort-Verfahren, moderierte Diskussion.

☐ Sammlung und Abgleich der Erwartungen: Wie vertragen sich die Erwartungen mit
 – dem Ziel,
 – dem Zeitrahmen,
 – der Tagesordnung?

Regeln

☐ Bedeutung und Funktion von Spielregeln erläutern.

☐ Die Gruppe darin unterstützen, eigene Spielregeln zu vereinbaren.

☐ Möglicherweise Spielregeln anbieten.

Fragenspeicher

☐ Bedeutung und Funktion des Fragenspeichers vorstellen.

Darstellung des ersten Arbeitsschrittes und des ersten Verfahrens

☐ Begründen, warum ein bestimmtes Verfahren durchgeführt werden soll.

☐ Ziel des Verfahrens vorstellen.

☐ Ablauf des Verfahrens, die einzelnen Schritte und die besonderen Verfahrensregeln vorstellen.

☐ Zeiten vorgeben und vereinbaren.

☐ Die konkrete Arbeitsaufgabe stellen; die Arbeitsfrage formulieren.

☐ Das Verständnis bei den Teilnehmern sichern.

Abarbeiten des angelegten Fragenspeichers

☐ Wie soll mit den gesammelten Fragen weiter verfahren werden?

Aktionsplan/Maßnahmenplan

☐ Welche Entscheidungen wurden während der Sitzung getroffen?

☐ Wer macht was bis wann mit welcher Unterstützung und wie?

☐ Woran kann erkannt beziehungsweise »gemessen« werden, ob die Maßnahme erfolgreich war?

☐ Gibt es ein Folgetreffen? Wann, wo, mit wem?

☐ Wichtig: Auf realistische Maßnahmen achten und auf den »Alltagsschock« nach der Sitzung hinweisen!

Abschließende Stimmungsabfrage

☐ Mögliche Verfahren: Punkt-Abfrage, Blitzlicht.

☐ Folgerungen für das weitere Arbeiten mit der Gruppe kurz abstimmen.

Abgleich der Erwartungen der Gruppenmitglieder

☐ Abgleich der Ergebnisse der Sitzung mit den eingangs gesammelten Erwartungen. Mögliche Fragestellung: Welche Erwartungen wurden erfü lt, welche nicht? Was folgt daraus für das weitere Vorgehen und den Maßnahmenplan?

Beenden der Moderation

☐ Zusammenfassende Beschreibung der gesamten Gruppenarbeit.

☐ Moderation für beendet erklären.

Rückmeldungen zur erlebten Moderation

☐ Mögliche Fragestellung an die Gruppenmitglieder und den Moderator: Was hat mir an der Moderation/an der Moderationsmethode gefallen und sollte beim nächsten Mal genauso gemacht werden?

☐ Was hat mir weniger gefallen, was konkret sollte beim nächsten Mal anders gemacht werden?

Übersicht
Die gebräuchlichsten Verfahren für moderierte Arbeitssitzungen

Blitzlicht

Zur momentanen Stimmungsfeststellung.

Zur Klärung der Ausgangsbasis in Krisensituationen.

- Sorgfältig begründen, warum eine Stimmungsabfrage durchgeführt wird!
- Auf Einhaltung der Spielregeln achten, vor allem: »Kein Kommentar zu den gemachten Aussagen«.
- Konsequenzen für das weitere Vorgehen besprechen.

Ein-Punkt-Abfrage

Zum spontanen Feststellen von Stimmungen, Meinungen und Tendenzen.

Ermöglicht erste Problem- und Themenorientierung.

- Sorgfältig begründen, warum eine Stimmungs- oder Meinungsabfrage durchgeführt wird!
- Aussagen der »Auswertungsrunde« visualisieren.
- Konsequenzen für das weitere Vorgehen besprechen.

Karten-Antwort-Verfahren und Gruppenbildungsverfahren (Klumpen/Clustern)

Zum breiten, unbewerteten und anonymen Sammeln von Meinungen, Kenntnissen und Erfahrungen.

Erster Schritt einer vertiefenden und detaillierten Problem-/Themenbearbeitung.

- Arbeitsfrage visualisieren.
- Beim Clustern erläutern, was mit den gebildeten Gruppen weiter geschieht. Und entsprechend ...
- ... auf zügiges Vorgehen hinwirken.

Zuruf-Antwort-Verfahren

Zum breiten, unbewerteten Sammeln von Meinungen, Kenntnissen und Erfahrungen.

Als schneller Einstieg in die Problem- beziehungsweise Themenbearbeitung.

- Vorher überlegen, wie mit den aufgeschriebenen Punkten weiter verfahren wird, und entsprechend auf Flipchart oder Einzelkarten schreiben.
- Schnelles, konzentriertes Mitschreiben üben.

Gewichtungsverfahren

Alle Teilnehmer sollen gleichberechtigt Reihenfolgen festlegen, Anforderungsprofile erstellen, Alternativen bewerten, Dringlichkeiten/Prioritäten bestimmen können.

> Die Konsequenzen der Gewichtung müssen der Gruppe von vornherein klar sein.

> Die Arbeitsfrage, nach der gewichtet werden soll, muss sorgfältig, eindeutig und verständlich formuliert sein.

> Die Gewichtung möglichst anonym durchführen.

Moderierte Diskussion

Zur intensiven, zielgerichteten Diskussion der Teilnehmer untereinander.

> Die Diskussion nicht zu weit vom Thema abkommen lassen (roter Faden!). Eng an der Ausgangsfragestellung bleiben und mit offenen Fragen arbeiten.

> Möglichst viel visualisieren.

Kleingruppenarbeit mit Szenarien

Um Themenbearbeitung in größerer Tiefe zu ermöglichen.

Um Spezialwissen zu einem Thema zusammenzutragen (arbeitsteilige Gruppenarbeit).

> Arbeitsszenarien themenbezogen und zielgerichtet vorbereiten und anbieten.

> Auf arbeitsfähige Gruppen achten.

Brainstorming

Zur Förderung des kreativen Potenzials aller Teilnehmer bei der Suche nach Ideen für Problemlösungen.

> Vor allem auf die Einhaltung der Spielregeln achten:
>   – »Masse vor Klasse«,
>   – »keine Kritik/Bewertung«,
>   – »kein Copyright«,
>   – »›Spinnen‹ ist erlaubt«.

> Brainstorming-Sitzungen erzeugen eine Vielzahl von Ideen, also eine hohe Komplexität, die zielgerichtet weiterverarbeitet werden muss. Also weitere Arbeitsschritte überlegen.

Fragenspeicher

Zum Festhalten von Fragen, offene Diskussionspunkte etc., die während der Sitzung entstehen, um dadurch ihre spätere Bearbeitung in der Gruppe zu sichern.

> Im Verlauf der moderierten Sitzung einen gut sichtbaren Platz für die Bearbeitung der verschiedenen Fragen vorbereiten und rechtzeitig vor Ende der Sitzung die Punkte abarbeiten.

Maßnahmenplan, Aktionsplan, Tätigkeitskatalog

Um die Umsetzung von Maßnahmen in die Praxis nach der Sitzung konkret zu planen.

Um persönliche Verantwortungen für Folgeaktivitäten sowie cen zeitlichen Rahmen dafür festzulegen.

> Auf Realisierbarkeit achten (das Ende einer Sitzung erzeugt häufig eine unrealistische »Übernahmeeuphorie« einzelner Beteiligter).

> Nur Personen als Verantwortliche/Durchführende benennen die auch anwesend sind.

WIE GEHT'S WEITER?

KOMMENTIERTES LITERATURVERZEICHNIS

Hartmann, Martin; Funk, Rüdiger; Nietmann, Horst (2008): Präsentieren. Präsentationen zielgerichtet und adressatenorientiert. Auch in moderierten Sitzungen wird immer wieder präsentiert. Dazu Tipps und Anregungen für die Vorbereitung und Durchführung, den persönlichen Auftritt, das Lampenfieber und – wichtig für eine Moderation – den Umgang mit den Medien in einer Präsentation, vom Flipchart bis zum Beamer.

Trotz PC, Beamer, LCD und Overhead – die zentralen Medien in der Moderation sind Flipchart und Pinnwand. Für alle, die mehr über den Umgang mit diesen Medien und das Visualisieren erfahren wollen:

→ Weidenmann, Bernd (2008): 100 Tipps und Tricks für Pinnwand und Flipchart.
→ Schnelle-Cölln, Telse/Schnelle, Eberhard/Schrader, Einhard (2001): Visualisieren in der Moderation.
→ Hans-Jürgen Frank (2004): Ideen zeichnen. Ein Schnellkurs für Trainer, Moderatoren und Führungskräfte.
→ Meyer, Elke/Widmann, Stefanie (2009): FlipchartArt. Ideen für Trainer, Berater und Moderatoren.

Langmaack, Barbara/Braune-Krickau, Michael (2000): Wie die Gruppe laufen lernt. Anregungen zum Planen und Leiten von Gruppen. Um Gruppen begleiten zu können, braucht der Moderator Wissen über und Erfahrungen mit Gruppenprozessen. Das vorliegende Buch basiert auf den Ideen der Themenzentrierten Interaktion und beschäftigt sich mit dem Gruppengeschehen in allen seinen Ablaufphasen, von der Vorbereitung bis zum Abschluss. Besonderer Wert wird dabei auf die »psychosozialen Prozesse«, die Beziehungsebene der Gruppenentwicklung gelegt. Ein Buch in erster Linie für Trainer und Leiter, die mit Erwachsenengruppen arbeiten möchten, zur Vertiefung aber auch für Moderatoren geeignet.

Ebenfalls einen guten Einstieg in die Gruppenforschung und Anregungen für das Verstehen und Arbeiten mit Gruppen gibt **Edding, Cornelia/Schattenhofer, Karl (Hrsg.) (2009): Handbuch Alles über Gruppen. Theorie, Anwendung, Praxis.**

Hartmann, Martin/Röpnack, Rainer/Funk, Rüdiger (2005): Kompetent und erfolgreich im Beruf. Wichtige Schlüsselqualifikationen, die jeder braucht.
Grundlegendes Handwerkszeug für alle, die moderieren (aber auch leiten) wollen, beispielsweise: Kommunizieren im Unternehmen, selbstbewusst und souverän auftreten, zum Umgang mit Konflikten – von Killerphrasen bis zur Schlagfertigkeit. 37 Kapitel, kurz und kurzweilig und mit konkreten Umsetzungshilfen für die Praxis.

Lipp, Ulrich/Will, Hermann (2008): Das große Workshop-Buch.
Für alle geschrieben, die umfangreichere Workshops moderieren und mehr über das Wesen von Workshops sowie deren Planung, Organisation, Vorbereitung, Durchführung und Nachbereitung wissen wollen.

Freimuth, Joachim/Straub, Fritz (Hrsg.) (1996): Demokratisierung von Organisationen.
Welche Überlegungen, Überzeugungen, Anregungen oder auch Zufälle standen eigentlich Paten, als das alles mit dem Moderieren begann? In diesem Buch berichten Zeitzeugen über die Entwicklungsbedingungen und Ursprünge, erste Anwendungen und Erfahrungen, Widerstände und Probleme der Moderationsmethode. Das anspruchsvolle Hintergrundbuch zum Thema.

Maleh, Carole (2001): Open Space: Effektiv arbeiten mit großen Gruppen.
Meetings mit mehr als hundert Teilnehmern? Was bedeutet diese Methode, wie funktioniert sie, was ist bei der Durchführung zu beachten? Ein praxisnahes Handbuch für Anwender und Entscheider mit Erfahrungen aus dem deutschsprachigen Raum. Und wer mehr über die An-

fänge von Open Space und die Entwicklung hin zu einem weltweit ange-
wendeten Verfahren wissen möchte – die »Biografie« der Methode:
Owen, Harrison (2008): Erweiterung des Möglichen. Die Entdeckung
von Open Space.

Wenn die nächste Sitzung auf Englisch moderiert werden soll:

→ **Goodale, Malcolm (2005): The Language of Meetings.**
→ **Browne, Michael O'Brien (2003): Business English. Vortrag, Präsentation und Moderation.**
→ **Landale, Anthony/Douglas, Mica (2008): The Fast Facilitator –
   76 facilitator activites and inventions covering essential skills, group
   processes, and creative techniques.**
→ **Rees, Fran (2005): The Facilitator Excellence Handbook** (mit Tipps
   für die Begleitung virtueller Gruppen).

Für alle, die über den Rand unseres Verständnisses von Moderation hi-
nausblicken möchten und die verstehen wollen, wie es im Fernsehge-
schäft moderationsmäßig zugeht, vielleicht sogar Ambitionen haben ...

→ **Fritzsche, Silke (2009): TV-Moderation.**

Zeitschriften, die sich immer wieder mit dem Thema Moderation,
Workshops oder Konferenzen beschäftigen, sind: Q-Magazin, acquisa,
salesBUSINESS, AV-views, wirtschaft + weiterbildung, managerSemi-
nare sowie HR-Services.

Weitere wichtige Literaturtipps zu verschiedenen Arbeitsverfahren und
Tools für Moderatoren, Trainer und Berater: siehe Seite 84 ff.

ÜBER DAS ZUSTANDEKOMMEN DES BUCHES

1989 entwickelte Hans-Joachim Stabenau von Siemens zusammen mit Rüdiger Funk von *train* ein außerordentlich erfolgreiches, zweiteiliges Intervalltraining, in dem Mitarbeiter von großen Unternehmen zu Moderatoren ausgebildet wurden. Diese intensive Beschäftigung mit dem Thema gab sozusagen den Startschuss dafür, in den Jahren danach die Moderationsmethode praxis- und zielgruppennah weiterzuentwickeln und sie in vielen großen und kleinen Unternehmen und Organisationen maßgeschneidert anzuwenden.

Mehr als 20 Jahre Erfahrung führten zu der Entwicklung vielfältiger Möglichkeiten, Moderation zu vermitteln:

→ In **Moderationstrainings** bilden wir Moderatoren aus und helfen ihnen, mit dieser einzigartigen Methode in ihren Unternehmen und Organisationen Gruppenarbeitsprozesse erfolgreich zu gestalten. Ein solches Training kann über mehrere Tage gehen, kann aber auch in einer ein- bis zweitägigen Veranstaltung Spezialthemen – beispielsweise die Moderation für Unternehmensberater – abdecken.

→ **Moderationsberatung/-coaching:** Der Coach nimmt – nach sorgfältigem Vorab-Briefing – an einer moderierten Arbeitssitzung teil, gibt unmittelbar im Anschluss Rückmeldungen und erarbeitet zusammen mit den Teilnehmern Empfehlungen und Lernvorhaben für zukünftige, optimierte Sitzungen.

→ **Coaching von Führungskräften:** In intensiven Einzelberatungen können wichtige Arbeitstreffen, Konferenzen und Workshops vorbereitet, teilweise geübt und ausgewertet werden. Die Beratung kann sich aber auch auf persönliche Schwierigkeiten Einzelner beim Moderieren (oder Leiten von Gruppen) beziehen. Eine nur scheinbar aufwendige Maßnahme, wenn man bedenkt, dass es in vielen moderierten Sitzungen um Aufgabenstellungen geht, von denen enorm viel abhängt.

→ **Moderation von Workshops:** Train-Berater moderieren selbst bei Kunden Arbeitssitzungen, Gruppentreffen, Problemlöseveranstaltungen oder auch Krisensitzungen.

→ Und wenn es nicht die klassische Moderation ist, unterstützen wir bei der Durchführung von **Open-Space-Veranstaltungen**und natürlich auch bei der Ausbildung zielgerichtet arbeitender **Besprechungsleiter.**

Die Ergebnisse der Auseinandersetzung mit der Moderationsmethode sowie ihrer permanenten Weiterentwicklung fanden Eingang in das Handbuch »Zielgerichtet moderieren«, an dem viele Beraterinnen und Berater der train GmbH sowie eine Reihe von Gästen mitgewirkt haben. Für das vorliegende Taschenbuch haben wir den Text des gebundenen Werkes gekürzt, um das Bonuskapitel »Besprechungsleitung« erweitert und für die Moderationspraxis der Leserinnen und Leser aktualisiert.

In die Entstehung und vorliegende Überarbeitung dieses Buches sind viele Anregungen von Teilnehmerinnen und Teilnehmern der Gruppen geflossen, mit denen wir arbeiten. Ihnen gilt unser ganz besonderer Dank. Danken möchten wir auch unserer Lektorin, Ingeborg Sachsenmeier, für ihre Unterstützung bei der Überarbeitung sowie Jonas Lilienthal und Alexander Zoll.

Das Foto auf Seite 93 ist von Stephan Lukanow, alle anderen Fotos sind von Martin Hartmann, sämtliche Zeichnungen von Ulrike Rath.

DIE AUTOREN

Dr. Martin Hartmann; nach Hochschultätigkeit mehrere Jahre Projektleiter in der Medienforschung und -beratung; zwei Jahre als Journalist in London tätig; Schwerpunkte bei train: Moderations- und Interviewtechniken, Rhetorik/Präsentation, Qualifizierung von Consultants, Coaching.

Rüdiger Funk; Mitbegründer von train; Studium der Pädagogik; zwei Jahre Geschäftsführer der Deutschen Versicherungsakademie; Geschäftsführer von train; Beratungsschwerpunkte: Personalentwicklung und PE-Konzepte, Moderation; als Moderator aktiv auf Tagungen und in Workshops bis hin zu Großveranstaltungen mit 200 Personen.

Klaus D. Wittkuhn; Geschäftsführer und Mitbegründer der train GmbH; Trainer und Berater mit den Schwerpunkten Führungskräfteentwicklung, Improving Performance; Mitglied im Thinktank der International Society for Performance Improvement (ISPI).

Train
Gesellschaft für Personalentwicklung mbH

Venusbergweg 48
53115 Bonn
Tel.: +49 (0)228 243900
Fax: +49 (0)228 2439010
E-Mail: train.bonn@train.de
www.train.de

Büro Süd:
Rupprechtstraße 16
83278 Traunstein
Tel.: +49 (0)861 9093906
Fax: +49 (0)861 9098907
E-Mail: train.sued@train.de

Erfolg kommt nicht von selbst

Martin Hartmann · Rainer Röpnack · Rüdiger Funk

Kompetent und erfolgreich im Beruf

WICHTIGE SCHLÜSSELQUALIFIKATIONEN, DIE JEDER BRAUCHT

BELTZ

Hartmann / Röpnack / Funk
Kompetent und erfolgreich im Beruf
Wichtige Schlüsselqualifikationen, die jeder braucht.
2005. 295 Seiten. Gebunden.
ISBN 978-3-407-36128-8

Wichtige Schlüsselqualifikationen für alle, die ihren Job wirklich ernst nehmen, kurz und bündig auf den Punkt gebracht. Checklisten, Tipps und Praxisbeispiele erleichtern die Umsetzung, Literatur- und Internettipps helfen bei der Vertiefung.

»Im Job weiterkommen. Was sollten Sie beherrschen, um im Beruf eine gute Figur zu machen? Welche Kompetenzen helfen Ihnen bei der täglichen Arbeit? Die Autoren haben in 37 Kapiteln das Wichtigste kurz und bündig auf den Punkt gebracht, kurzweilig präsentiert, mit konkreten Umsetzungshilfen für Ihre Praxis. Ein Leitfaden für alle, die dazulernen und sich weiterentwickeln wollen, die Interesse an Leistung, Veränderungen und Erfolg haben.« *bankfachklasse*

»Mit einleuchtenden Beispielen und sehr konkreten Handlungsanweisungen ist der Nutzwert des Buches hoch, für Berufseinsteiger, wie auch für junge Führungskräfte.«
Hamburger Abendblatt

BELTZ Beltz Verlag · Weinheim und Basel
Weitere Infos und Ladenpreis: www.beltz.de